港蛋糕
港味道

香港特级点心师系列

江洛洋 编著

广东省出版集团
广东科技出版社
·广 州·

图书在版编目（CIP）数据

港蛋糕 港味道 / 江洛洋编著 . —广州 : 广东科技出版社，
2013.5
（香港特级点心师系列）
ISBN 978-7-5359-5818-1

Ⅰ . ①港… Ⅱ . ①江… Ⅲ . ①蛋糕—制作—香港
Ⅳ . ① TS213.2

中国版本图书馆 CIP 数据核字（2013）第 021146 号

本书中文简体版由香港万里机构出版有限公司授权广东科
技出版社在中国内地出版发行。
广东省版权局著作权合同登记
图字 : 19-2012-120 号

Gangdangao Gangweidao

责任编辑 : 杨敏珊　刘　耕　赵雅雅
封面设计 : 柳国雄
责任校对 : 罗美玲
责任印制 : 罗华之
出版发行 : 广东科技出版社
　　　　（广州市环市东路水荫路 11 号　邮政编码 :510075）
http ://www.gdstp.com.cn
E-mail:gdkjyxb@gdstp.com.cn（营销中心）
E-mail:gdkjzbb@gdstp.com.cn（总编办）
经　　销 : 广东新华发行集团股份有限公司
印　　刷 : 广州市岭美彩印有限公司
　　　　（广州市荔湾区花地大道南海南工商贸易区 A 幢
　　　　邮政编码 :510385）
规　　格 :787 mm×1 092 mm　1/16　印张 9　字数 180 千
版　　次 :2013 年 5 月第 1 版
　　　　2013 年 5 月第 1 次印刷
定　　价 :42.00 元

前言

踏入烘焙行业不经不觉已数十寒暑了，如今回顾年少轻狂的岁月，有喜也有悲。感谢上天对我的眷顾，我不但获取了友情、家庭、事业和金钱，也得到不少出国见识的机会，到过中东、加拿大和中国内地。在外地当了8年饼师，使我大开眼界，也丰富了日后做饼的思路、创意、知识和技术。时至今日，我以推广烘焙技术和提携后辈为己任，与更多人分享做糕饼的乐趣，分享我的经验。

透过《港蛋糕·港味道》，我想用图像和文字与读者们作交流；更希望借由文字记录把香港烘焙业的光辉历史写下来，让年轻人、同行及学生们分享个人工作经验，多点认识和了解香港蛋糕的发展史，知道其源流、派别、不同年代的蛋糕特色、材料选用、潮流导向和演变。我没有生花妙笔、华丽词藻，只以直笔简洁地、点题式地编写香港蛋糕的历史见证，把自己在烘焙业内的经历和所见所闻，概述出来。因个人识见有限，过程中还拜访了多位香港资深烘焙界前辈和名人，透过他们的口述完善此历史部分。为了让读者更了解蛋糕的构造，本书把每个蛋糕切件独立拍照，以一般酒店饼房标准，简要讲解其结构和准则，加深大家对做糕饼基本技术的认识。

最后，我特别要感谢香港蛋糕女皇李曾超群博士、资深烘焙饼师李祺先生和徐明先生以及香港烘焙专业协会会长何肖琼女士提供历史资料和宝贵意见，还要多谢Fiona、Daniel、Peter和Anita，多谢摄影师Johnny的协助，使此书得以顺利出版。

江洛洋

目录

百变

脆脆西点

　　近十年，香港的糕饼店有特色小店和专门化的趋势，也有许多过江龙以法国朱古力为号召，它们的旗舰店装修豪华，犹如珠宝店，售卖朱古力食品。平民化一点的就有日式泡芙、美式甜甜圈等矗立大街小巷，令香港街道生色不少，处处充满食物香气，成为名副其实的"香港香巷"。值得一提的是，除了商业味浓的连锁店外，旅居海外的华人或白领丽人纷纷择地选铺，甚至是酒店名饼师、艺人明星或潮人阔太纷纷加入战场，烘焙界掀起开铺热潮，特别是曲奇饼店和派挞店铺，大行其道，成行成市。许多特色曲奇会采用高品质材料，挑选健康五谷或干果美化食品，增加品尝层次变化，同时有些出品纯以原始味道主导，手工曲奇更是家中配茶或咖啡的必然之选。

芝士薯蓉曲奇
Cheese Potato Cookies

百变脆脆西点

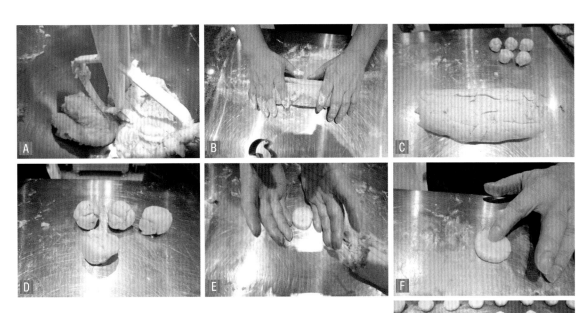

材料

牛油70克，糖霜50克，蛋白2只，薯蓉粉50克，热水30克（调薯蓉粉），芝士粉60克，低筋面粉150克，高筋面粉30克，苏打粉1/4茶匙

装饰

开心果仁适量，入炉粗糖粒适量。

制作

1. 将牛油和糖霜搓软，加入芝士粉，慢慢加入蛋白，拌匀。  A

2. 用热水调开薯蓉粉，搅匀。

3. 低筋面粉、高筋面粉和苏打粉一同筛匀，拌入牛油糖霜混合物，然后加入薯蓉粉糊混合均匀，搓成小圆球，轻轻按扁。C~F

4. 在曲奇面团的上面，放一粒开心果仁，撒入炉粗糖粒，置于已垫牛油纸的烤盘上，放入已预热180℃的烤炉，烤18分钟即可。G~I

芝士海苔红曲曲奇
Cheese Nori and Red Yeast Rice Cookies

★★★★★ 健康指数 Healthiness
★★★★ 受欢迎程度 Popularity
★★★ 制作难度 Difficulty
★★★★ 卖相 Appearance
★★★★★ 味道 Taste

材料

牛油100克，糖霜65克，蛋白1只，榛子酱10克，低筋面粉170克，苏打粉1/4茶匙，海苔粉10克，红曲米10克，高熔点芝士粒10克，黑胡椒粒10克，盐1/4茶匙。

制作

1. 牛油和糖霜搅至软滑。

2. 加入蛋白、榛子酱、红曲米、海苔粉、高熔点芝士粒、黑胡椒和盐搅匀。

3. 放入已过筛的低筋面粉和苏打粉，搓揉成长方形，置冰箱冷藏30分钟。

4. 取出后切厚片，放在已垫牛油纸的烤盘上，放入已预热170℃的烤炉，烤20分钟即可。

姜糖黑胡椒烟肉曲奇
Ginger Black Pepper and Bacon Cookies

材料

> 牛油80克，糖霜50克，黄糖20克，鸡蛋2只，低筋面粉100克，高筋面粉50克，粟粉20克，烟肉粒50克，黑胡椒粒1克，糖姜碎50克，苏打粉1/2茶匙。

制作

1. 牛油在室温放至软身，加入糖霜搅滑，然后加鸡蛋拌匀成牛油混合物。

2. 将低筋面粉、高筋面粉、粟粉和苏打粉一同筛匀，加入烟肉粒、黑胡椒粒和糖姜碎搅匀。

3. 最后加入牛油混合物，拌匀，擀平，放在冰箱冷藏10分钟。

4. 取出后，用饼干模造型，放在已垫牛油纸的烤盘上，放入已预热好170℃的烤炉，烤15分钟即可。

北海道白朱古力曲奇
Hokkaido White Chocolate Cookies

百变脆脆西点

7

材料

牛油60克，糖霜40克，乳化剂4克，蛋白
30克，细砂糖20克，低筋面粉60克。

白朱古力馅

白朱古力100克，淡奶油40克。

制作

白朱古力馅 |

将淡奶油煮沸，加入白朱古力，搅匀后在室温冷却1小时。

曲奇 |

1. 牛油在室温放至软化；加入乳化剂和糖霜打发至浮软和变白。

2. 蛋白加细砂糖打发。

3. 低筋面粉过筛，拌入牛油，然后把蛋白分两次加入搅匀。

4. 用抹刀将面糊抹在硅胶垫上，放进已预热好的160℃的烤炉，烤
   10~15分钟即可。 A ~ B

组合 |

在饼块上挤入白朱古力馅，再盖上另一片饼块，轻轻按实。 C ~ D

百变脆脆西点

黑白芝麻薄脆曲奇
Black Sesame and White Crisps

★★★★★ 味道 Taste
★★★★★ 卖相 Appearance
★★★★★ 制作难度 Difficulty
★★★★★ 受欢迎程度 Popularity
★★★★★ 健康指数 Healthiness

材料

朱古力杏仁片曲奇面团200克（参阅第16页）。

黑白芝麻曲奇

牛油 50克，糖霜50克，蛋白1只，低筋面粉80克，泡打粉1/4茶匙，黑芝麻和白芝麻共90克。

制作

1. 蛋白打发；牛油在室温软化，搅至软滑。

2. 在牛油里加入蛋白，拌匀，再加入已过筛的低筋面粉、泡打粉、黑芝麻、白芝麻，拌匀。

3. 将粉浆料挤在0.5厘米厚的胶片上，做成冰棍形，用朱古力杏仁片曲奇做冰棍棒，然后排在烤盘上，放入已预热170℃的烤炉，烤10分钟即可。

★★★★★ ★★★★★ ★★★★★ ★★★★★ ★★★★★

味道 Taste | 卖相 Appearance | 制作难度 Difficulty | 受欢迎程度 Popularity | 健康指数 Healthiness

胡萝卜提子核桃曲奇
Carrot, Raisin and Walnut Cookies

材料

牛油60克，细砂糖30克，鸡蛋1只，黄糖30克，低筋面粉100克，高筋面粉40克，麦片20克，苏打粉1/2茶匙，泡打粉1/2茶匙，核桃50克，提子干50克，胡萝卜丝70克。

制作

1. 牛油、细砂糖和黄糖搅至软滑，加入鸡蛋拌匀。

2. 低筋面粉、高筋面粉、苏打粉和泡打粉过筛；核桃烤香，压碎。

3. 胡萝卜丝、提子干和面团混合，搓成面团，冷藏。

4. 取出面团，擀成0.2厘米厚，用饼干模压出形状，再用叉刺上孔，排上已垫牛油纸的烤盘上。

5. 将曲奇放入已预热160℃的烤炉，烤20分钟即可。

开心果黑芝麻酱曲奇
Black Sesame and Pistachio Cookies

★★★★★ 味道 Taste
★★★★ 卖相 Appearance
★★★★ 制作难度 Difficulty
★★★★ 受欢迎程度 Popularity
★★★★★ 健康指数 Healthiness

材料

牛油70克，糖霜50克，蛋白2只，黑芝麻酱50克，开心果碎30克，低筋面粉120克，高筋面粉50克，苏打粉1/2茶匙，肉桂粉1克。

制作

1. 牛油室温软化，加入糖霜，搅至软滑，分数次慢慢加入蛋白，拌匀成牛油混合物。

2. 将低筋面粉、高筋面粉、肉桂粉和苏打粉过筛，加入牛油混合物中，拌匀和成面团，放进冰箱冷藏半小时。

3. 取出面团，擀薄，淋上黑芝麻酱，撒上开心果碎，卷成长条形，置冰箱冷藏10分钟，切成厚片。

4. 将曲奇放在已垫牛油纸的烤盘上，放进已预热180℃的烤炉，烤20分钟即可。

香蕉柠檬朱古力脆脆曲奇
Banana, Lemon and Chocolate Cookies

★★★★	★★★★	★★	★★★★	★★★
味道 Taste	卖相 Appearance	制作难度 Difficulty	受欢迎程度 Popularity	健康指数 Healthiness

材料

牛油80克，细砂糖30克，黄糖25克，鸡蛋2只，熟香蕉1只，低筋面粉80克，粟粉20克，高筋面粉30克，朱古力脆米10克，苏打粉1/2茶匙，青柠檬1个。

制作

1. 牛油在室温软化，加入细砂糖和黄糖搅至呈奶白色，加入鸡蛋搅匀。

2. 熟香蕉压成泥蓉；青柠檬皮刨碎，青柠檬肉榨汁。

3. 香蕉蓉、青柠檬皮和青柠檬汁混合，加入已软化的牛油，拌匀成牛油混合物。

4. 低筋面粉、粟粉、高筋面粉和苏打粉过筛，放入朱古力脆米，倒入牛油混合物内搅匀。

5. 将面糊放进挤花袋，挤出圆形，放进冰箱冷藏后，在曲奇面画十字纹，放在已垫牛油纸的烤盘上，放进已预热170℃的烤炉，烤15分钟即可。

马卡龙曲奇
Macaroons

百变脆脆西点

材料

蛋白44克，细砂糖25克，杏仁碎50克，
糖霜90克，食用色素少许。

白朱古力酱馅

淡奶油40克，白朱古力熔液100克。

制作

1. 将蛋白和细砂糖混合打发，加入色素拌
   匀。A～C

2. 将杏仁碎和糖霜混合，倒入蛋白糖，拌
   匀，放进挤花袋后挤在硅胶垫上。D～G

3. 将曲奇饼放进已预热180℃的烤炉，烤20
   分钟即可。H

4. 白朱古力酱馅拌匀。

5. 曲奇出炉后，放凉，抹上白朱古力酱馅，
   黏合。

★	★	★	★★	★★
★★	★★	★★	★★	★★
★★	★★	★★	★★	★★
味道 Taste	卖相 Appearance	制作难度 Difficulty	受欢迎程度 Popularity	健康指数 Healthiness

芝士绿茶红豆曲奇
Green Tea and Cheese Cookies with Red Beans

材料

牛油50克，黄糖30克，细砂糖30克，奶油芝士50克，鸡蛋1只，绿茶粉8克，热水10克，低筋面粉90克，高筋面粉70克，红豆蓉70克，苏打粉1/2茶匙，泡打粉1/4茶匙。

制作

1. 将牛油和黄糖搅至软滑。

2. 将奶油芝士和细砂糖搅至软滑，加入鸡蛋。

3. 绿茶粉用热水溶解，搅匀，倒入奶油芝士混合物，再与牛油、黄糖搅拌混合。

4. 将低筋面粉、高筋面粉、苏打粉和泡打粉筛匀，加入牛油混合物和红豆蓉，搅拌均匀，搓成小圆球，压扁，放在已垫牛油纸的烤盘上。

5. 放入已预热170℃的烤炉，烤20分钟即可。

朱古力杏仁片曲奇
Chocolate and Almond Flake Cookies

材料

牛油100克，糖霜80克，鸡蛋2只，低筋面粉180克，奶粉30克，可可粉12克，苏打粉1/2茶匙，杏仁片80克，青柠檬1个。

制作

1. 将牛油、糖霜搅至软滑，加入鸡蛋搅至均匀。
2. 将青柠檬皮刨碎，青柠檬肉榨汁，然后与已筛过的低筋面粉、奶粉、可可粉、苏打粉和杏仁片一起拌匀。
3. 将混合物放在四方盒内，置冰箱冷藏1小时，取出切成厚片状。
4. 把曲奇放在已垫牛油纸的烤盘上，放入已预热180℃的烤炉中，烤15分钟即可。

法式油炸圈饼
French Doughnuts

百变脆脆西点

材料

牛油105克，清水360克，盐1/2茶匙，低筋面粉240克，糖霜60克，臭粉1/2茶匙，鸡蛋4只，生油适量。

饰面

黄梅果酱适量，风登糖适量。

制作

1. 清水、牛油和盐煮沸，加低筋面粉煮成粉团，离火。A～D

2. 加入糖霜、臭粉和1只鸡蛋搅至顺滑，再逐只加入鸡蛋，搅至顺滑。E～G

3. 在牛油纸上扫一层菜油，将面糊装入挤花袋，用花嘴挤成花形面圈。H～K

4. 将生油煮热约160℃，然后将面圈放入锅中，底、面各炸5分钟，取出。

5. **饰面** | 黄梅果酱用1汤匙清水煮至起胶，扫在炸好的圈饼上，再扫上风登糖。

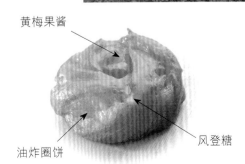

黄梅果酱

风登糖

油炸圈饼

奶油筒
Cream Horns

百变脆脆西点

19

材料

水皮

低筋面粉350克，高筋面粉150克，盐1/2茶匙，牛油70克，冰水200克。

油皮

牛油250克，低筋面粉80克。

牛油忌廉

牛油120克，糖霜45克，朗姆酒或白兰地1/4茶匙。

饰面

糖霜适量。

制作

1. **水皮**｜低筋面粉、高筋面粉、盐、牛油混合，加入冰水和成面团，放入冰箱冷藏30分钟。

2. **油皮**｜牛油与面粉拌匀，放在牛油纸上压平，放入冷箱中冷藏30分钟。

3. **酥皮**｜水皮擀成四方形，中心放上油皮，包起来，再擀成长方形折成4折，接着擀成长方形，折成3褶，又擀成长方形，折成3褶，即折4 x 3 x 3次。C~G

4. **奶油筒**｜取出100克酥皮压成四方形，再用轮刀切成2.5厘米宽的长条形，扫上蛋黄液，在奶油筒模上卷起，黏上糖，放在烤盘上，用180℃烤15分钟。H~K

5. **牛油奶油**｜牛油与糖霜打滑。

6. **组合**｜放凉后，撒上糖霜，挤上牛油忌廉。L~O

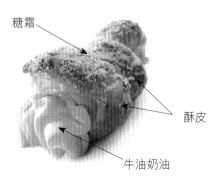

糖霜

酥皮

牛油奶油

罗兰士芝士挞
Lawrence cheese Tart

百变脆脆西点

材料

油酥挞皮

固体菜油30克，低筋面粉55克，高筋面粉10克，冰水35克，盐1/2茶匙。

烟肉馅

洋葱1/2个，烟肉3片（60克）切碎，鸡蛋2只。牛奶160毫升，盐少许，牛油10克（熔化），马沙爹拿芝士*碎40克。

扫面

牛油（融化）。

制作

1. **油酥挞皮**｜将固体菜油、低筋面粉、高筋面粉、盐混合搅匀，加冰水揉成面团，置冰箱中冷藏10分钟。取出，将油酥皮擀平，压在派盘上。▲~▣

2. **烟肉馅**｜洋葱和烟肉分别炒香；鸡蛋、鲜奶、牛油和盐拌匀。▣~▣

3. **组合**｜将马沙爹拿芝士碎、洋葱和烟肉碎放在油酥挞皮上，倒入鸡蛋、牛奶和牛油混合物，置烤炉内以180℃烤20分钟，出炉后扫上少许牛油。▣~▣

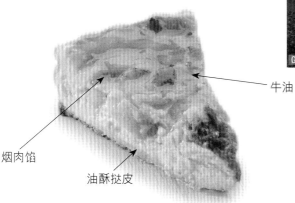

牛油

烟肉馅

油酥挞皮

---

* 马沙爹拿芝士又称莫扎里拉芝士，即Mozzarella cheese。

菠菜白菌烟肉芝士挞
Spinach, Mushroom and Bacon Cheese Tart

百变脆脆西点

23

材料

油酥挞皮

固体菜油40克，低筋面粉70克，高筋面粉20克，盐1克，冰水40克。

馅料

菠菜30克，鲜白菌20克（切片），鲜蘑菇10克（切片），烟肉30克（切碎），车打芝士碎20克。

蛋水

鸡蛋2只，盐1/2茶匙，牛奶200克，牛油熔液10克。

做法

1. **油酥挞皮**｜将材料混合，然后加入冰水，搅成粉团，放入冰箱冷藏10分钟，然后压成圆形，铺在派盘上，做成挞底，再放入冰箱冷藏10分钟。A～B

2. **蛋水**｜鸡蛋打散，加入盐和牛奶，搅匀，隔去泡沫。

3. **组合**｜①先将适量清水煮沸，放入菠菜"飞水"，隔去水分，切碎菠菜；炒热烟肉，放蘑菇和鲜白菌，炒熟。②将车打芝士放在挞皮上，加入烟肉、鲜蘑菇、鲜白菌和菠菜，再加入蛋水拌匀，接着淋上牛油熔液，放入烤炉，用200℃烤15分钟即可。C～E

柠檬戚风派
Lemon Chiffon Pie

★★
★★★
★★★★
★★★★
健康指数
Healthiness

★★★
★★★★
★★★★
受欢迎程度
Popularity

★★★
★★★★
制作难度
Difficulty

★★★
★★★★
卖相
Appearance

★★★
★★★★
味道
Taste

百变脆脆西点

25

材料

松酥派底

牛油90克，糖霜45克，鸡蛋1/2只，低筋面粉150克。

柠檬慕斯

蛋白2只，细砂糖20克，蛋黄2只，砂糖30克，柠檬汁40克，甜奶油60克（打发）。

鱼胶粉水

鱼胶粉5克，清水30克。

装饰

甜奶油（打发），草莓，朱古力，柠檬皮丝。

制作

1. **松酥派底**｜牛油与糖霜打滑，加入鸡蛋，搅打至鸡蛋与牛油完全融合，筛入低筋面粉搓成一团，擀平压在派盘上，放入烤炉用180℃烤15~20分钟。A~C

2. **鱼胶粉水**｜鱼胶粉与清水拌匀，坐于热水中搅溶。

3. **柠檬慕斯**｜把蛋黄、砂糖和柠檬汁坐于热水中打3~4分钟至浓稠状；蛋白打发，分次加入砂糖打至浓稠；将鱼胶粉水加入蛋黄混合物中，搅拌均匀，再慢慢拌入蛋白和甜奶油。D~H

4. **组合**｜把柠檬慕斯倒入松酥派底上，放进冰箱冷藏至凝固，取出，挤上甜奶油和朱古力，放上装饰。I

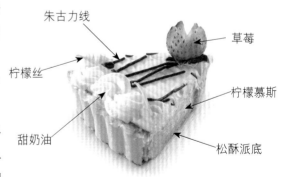

朱古力线
草莓
柠檬丝
柠檬慕斯
甜奶油
松酥派底

朱古力挞
Chocolate Tart

百变脆脆西点

材料

松酥挞皮

牛油120克，糖霜60克，鸡蛋1只，低筋面粉200克，朱古力80克（坐熔）。

鱼胶粉水

鱼胶粉4克，清水20克。

朱古力馅

牛奶40克，吉士粉10克，朱古力40克（坐熔），甜奶油35克（打发）。

朱古力酱

淡奶油70克，黑朱古力45克，白朱古力30克，牛油20克，朗姆酒1茶匙。

饰面

朱古力装饰，白朱古力。

制作

1. **松酥挞皮**｜把牛油与糖霜打滑，加入鸡蛋打至完全融合，再加入面粉搓揉成团，擀平压在派盘上，放进烤炉用180℃烤15~20分钟。A~F

2. **鱼胶粉水**｜鱼胶粉与清水搅匀，坐热水中搅溶。

3. **朱古力馅**｜把牛奶和吉士粉混合搅滑，加入朱古力和鱼胶粉水搅匀，慢慢地拌入打发好的甜奶油。G~H

4. **朱古力酱**｜把所有材料置小碗内，坐热水中至完全溶解。I

5. **组合**｜用毛刷把朱古力酱涂在挞皮上J，倒入朱古力馅K，用刀抹平，置冰箱冷藏至凝固，再淋上朱古力酱L，摆上朱古力装饰。

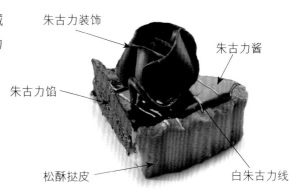

朱古力装饰

朱古力酱

朱古力馅

松酥挞皮

白朱古力线

苹果派
Apple Pie

健康指数
Healthiness
★★

受欢迎程度
Popularity
★★★★

制作难度
Difficulty
★★★★

卖相
Appearance
★★★★

味道
Taste
★★★★★

百变脆脆西点

材料

松酥派底

牛油120克，糖霜60克，鸡蛋1只，低筋面粉200克。

苹果馅

青苹果3个，柠檬1/2个（榨汁），牛油30克（煮熔），细砂糖60克，肉桂粉1/2茶匙，提子干60克，核桃肉30克，面包糠60克，朗姆酒1/2茶匙，蛋糕1片（与派盘同大）。

扫面

蛋黄1只，清水1汤匙，风登糖适量。

制作

1. **松酥派底**｜牛油与糖霜打至软滑，加入鸡蛋打至完全融合，倒入面粉揉压成团，置冰箱冷藏20分钟。▲～B

2. **苹果馅**｜苹果去皮、切片，把苹果片、柠檬汁、牛油和砂糖混合，放入烤炉上以200℃烤10分钟。出炉后拌入肉桂粉、提子干、核桃肉、面包糠和朗姆酒。C～E

3. **组合**｜取出松酥派底面团，擀平，分为二份，一份放在派盘上，削去多余部分，压实，铺上蛋糕片，再放苹果馅，接着盖上半份松酥派皮，扫上蛋黄液，用牙签刺孔，放入烤炉以180℃烤15分钟，出炉后扫上风登糖。F～M

风登糖和蛋黄液

蛋糕片

松酥派底

苹果馅

创意

轻怡糕饼

　　香港糕饼有独特风格，尤以混合式见称，吸纳不同国家的做饼风格，糅合本土特色，变化为食味独特的糕饼。君不见饼柜里高档货品以法式居多，什么petit four或macaroon，一口一件，精致得如玩小手工，令人爱不释手，颜色和味道更是匹配，令人慨叹为何世间食物，竟有如斯杰作，一件食物艺术品往肚里塞，有点可惜却令人抗拒不了！另一主流就是以水果味道和轻芝士味道为主打的冻饼，味道鲜、淡、清，入口即溶，凉透心脾。它颜色缤纷，可配上脆饼底、蛋糕底、消化饼底或朱古力脆米饼底，让软绵绵的慕斯产生不同的质感。

益力多覆盆子干乳酪饼
Yakult Raspberry Yoghurt Cake

创意轻怡糕饼

33

材料

朱古力脆脆饼底

朱古力可可米 30克，朱古力熔液30克，海绵蛋糕1片。

馅料

覆盆子干30克，草莓乳酪100克，益力多2支，鱼胶粉10克，淡奶油60克（鱼胶粉用），蛋黄2只，细砂糖60克，橙酒5克。

饼面（粒粒果汁啫喱）

粒粒橙果汁30克，鱼胶水3克。

做法

1. **朱古力脆脆饼底** | 朱古力可可米和朱古力溶液拌匀，按压在已铺牛油纸的蛋糕模内，置冰箱15分钟。

2. **馅料** | ①草莓乳酪和益力多拌匀；鱼胶粉和淡奶油混合拌匀，倒进草莓乳酪混合物，拌匀。②蛋黄和砂糖拌匀，加入淡奶油鱼胶混合液拌匀，加入橙酒拌匀，加入草莓乳酪混合物拌匀，然后加入覆盆子干，搅匀，倒入蛋糕模，放在冰箱中冷藏至凝固。

3. **饼面** | 粒粒橙果汁和鱼胶水搅拌至均匀，倒在饼面上，然后放进冰箱冷藏20分钟。

薄荷叶

粒粒橙果汁啫喱饼面

覆盆子益力多慕斯

朱古力可可米饼底

草莓乳酪蛋糕
Strawberry Yoghurt Cake

★★★☆☆ 健康指数 Healthiness
★★★★☆ 受欢迎程度 Popularity
★★★★☆ 制作难度 Difficulty
★★★★☆ 卖相 Appearance
★★★★★ 味道 Taste

创意轻怡糕饼

材料

蛋糕

鸡蛋6只，细砂糖100克，牛油40克（熔化），低筋面粉120克。

馅料

草莓味乳酪150克，细砂糖50克，草莓8个（切粒），草莓蓉200克，淡奶油300克（打发），白樱桃酒1茶匙。

鱼胶粉水

鱼胶粉10克，清水40克。

大菜*水

大菜丝3克，清水250克，细砂糖100克。

装饰

草莓适量。

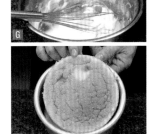

制作

1. **蛋糕** ｜ 把鸡蛋和细砂糖打至浓稠，加入低筋面粉搅匀，倒入熔化的牛油搅成糊状，置蛋糕模中用180℃烤15分钟。**A ~ D**

2. **鱼胶粉水** ｜ 鱼胶粉和清水拌匀，坐热水搅至溶解。

3. **草莓馅** ｜ 将草莓味乳酪与糖拌匀，再加入草莓粒、草莓蓉一同拌匀，倒入鱼胶粉水，徐徐拌入淡奶油和白樱桃酒。**E ~ G**

4. **大菜水** ｜ 把大菜浸软，注水煮沸，再加入细砂糖煮至溶解，备用。

5. **组合** ｜ 蛋糕放凉后切成两片，把蛋糕片放在可脱底的糕模上，放上草莓，舀入适量馅料，再放一片蛋糕，淋上一层馅料，放冰箱中冷藏至凝固，取出放上草莓，再涂上一层大菜水。**H ~ I**

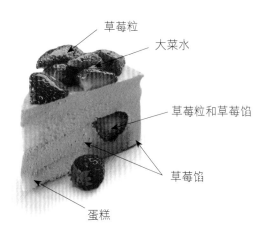

草莓粒

大菜水

草莓粒和草莓馅

草莓馅

蛋糕

---

* 大菜即琼脂，全书同。

36

覆盆子干益力多芝士饼
Dried Raspberry Yakult Cheese Cake

★★ 味道 Taste
★★★ 卖相 Appearance
★★★ 制作难度 Difficulty
★★★★★ 受欢迎程度 Popularity
★★★★★ 健康指数 Healthiness

创意轻怡糕饼

材料

饼底

朱古力可可米50克，法国黑朱古力35克。

馅料

奶油芝士200克，细砂糖65克，益力多2支，草莓味乳酪80克，覆盆子干60克，淡奶油120克，鱼胶粉5克，热水40克，白樱桃酒2克。

饼面

覆盆子干2克，热水10克，鱼胶粉2克。

做法

1. **饼底**｜法国朱古力坐热水上熔化，加入朱古力可可米，拌匀，放入饼模，铺平，按实。

2. **馅料**｜将奶油芝士和细砂糖搅滑，加入草莓味乳酪和益力多，拌匀。

3. 淡奶油打发，徐徐与奶油芝士混合，然后加入覆盆子干和鱼胶水，搅匀，倒入饼模，放在冰箱中冷藏至凝固。**A**

4. **饼面**｜覆盆子干、热水和鱼胶粉搅拌至完全溶解，倒在馅上，然后放入冰箱冷藏20分钟。**B**~**F**

白兰地卷

饼面

覆盆子干

草莓益力多芝士馅

朱古力可可米饼底

日式芝士蛋糕
Japanese Cheese Cake

★★★★★ 味道 Taste
★☆☆☆☆ 卖相 Appearance
★★★★★ 制作难度 Difficulty
★★★★★ 受欢迎程度 Popularity
★☆☆☆☆ 健康指数 Healthiness

创意轻怡糕饼

材料

蛋糕

奶油芝士250克，细砂糖25克（加入蛋黄），蛋黄2只，低筋面粉20克，粟粉25克，牛奶25克，牛油25克，蛋白2只，细砂糖60克（加入蛋白），柠檬青和柠檬汁各30克。

饰面

黄梅果酱或糖水适量。

制作

1. 奶油芝士在室温放软，加细砂糖搅打至软滑。分次加入蛋黄拌匀。A~B

2. 牛奶坐热；牛油坐熔，分别加入芝士中。再将粟粉和面粉筛入，拌匀。C

3. 加入柠檬汁和柠檬青拌匀，分次加入已打发的蛋白中。D~F

4. 放入烤炉中，用170℃隔水烤45分钟，取出后在蛋糕面扫上黄梅果酱或糖水。G~H

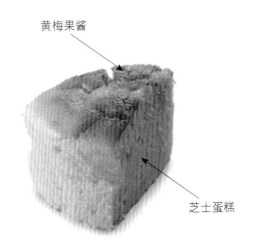

黄梅果酱

芝士蛋糕

豆腐焦糖香蕉蛋糕
Caramel Tofu Banana Cake

健康指数 Healthiness ★★★★★
受欢迎程度 Popularity ★★★★
制作难度 Difficulty ★★★
卖相 Appearance ★★★★
味道 Taste ★★★★

创意轻怡糕饼

材料

嫩豆腐150克，蛋黄4只，细砂糖40克（加入蛋黄），菜油40克，清水60克，低筋面粉80克，粟粉15克，泡打粉1/4茶匙，蛋白4只，细砂糖60克（加入蛋白）。

馅料

香蕉2只（压成蓉），甜奶油120克（打发）。

焦糖

细砂糖100克，玉米糖浆1克，清水5克。

做法

1. **豆腐蛋糕**｜①豆腐用热水稍焯，沥水，搅滑成蓉。②将蛋黄、细砂糖、豆腐蓉、菜油和清水混合，加入已过筛的低筋面粉、粟粉和泡打粉，徐徐搅成糊状。③蛋白打发，慢慢加入细砂糖，打至湿性发泡，加入蛋黄豆腐混合物，搅匀，倒在铺了牛油纸的烤盘上，放进已预热200℃的烤炉中，烤7分钟。

2. **焦糖**｜将焦糖料煮至150℃，煮成金黄色。

3. **香蕉奶油馅**｜将焦糖和甜奶油混合，再与香蕉蓉搅匀，涂在蛋糕上，卷成圆卷状，加上装饰。A~E

A

B

C

D

E

薄荷叶

朱古力装饰

可可粉

豆腐蛋糕

马卡龙曲奇

香蕉奶油馅

南瓜芝士饼
Pumpkin Cheese Cake

味道 Taste ★★★★
卖相 Appearance ★★★★
制作难度 Difficulty ★★★
受欢迎程度 Popularity ★★★★
健康指数 Healthiness ★★★

创意轻怡糕饼

材料

松酥饼底

牛油40克，糖霜20克，鸡蛋1/3只，低筋面粉65克，朱古力30克（熔化）。

南瓜芝士馅

Jello 芝士粉120克，牛奶200克，蛋黄3只，柠檬1个（分别刨皮、榨汁），南瓜蓉120克，甜奶油240克（打发），朗姆酒1汤匙。

鱼胶粉水

鱼胶粉10克，清水70克。

啫喱饼面

南瓜蓉80克，细砂糖10克，鱼胶粉5克，热水30克。

装饰

朱古力条2片，薄荷叶1小撮，覆盆子1粒。

制作

1. **松酥饼底**｜把牛油与糖霜打至转色，加入鸡蛋打匀，再加入面粉搓揉成团，擀成圆面皮，以180℃烤15~20分钟。A~D

2. **鱼胶粉水**｜鱼胶粉加水拌匀，坐于热水中搅溶。

3. **南瓜芝士馅**｜把Jello芝士粉和牛奶混合搅匀，加入蛋黄、南瓜蓉、柠檬青、柠檬汁和鱼胶粉水混合拌匀E~F，再加入已打发的甜奶油。

4. **饼面**｜鱼胶粉加细砂糖与热水拌匀，坐热水搅溶，加入南瓜蓉拌匀成啫喱水。

5. **组合**｜松酥底扫上朱古力熔液，倒入芝士馅料，放在冰箱中冷藏至凝固，倒入啫喱水，放回冰箱冷藏至凝固，加上装饰。G~H

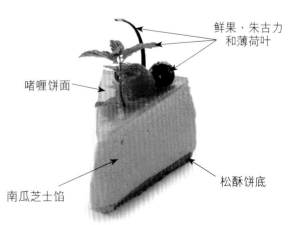

鲜果、朱古力和薄荷叶

啫喱饼面

松酥饼底

南瓜芝士馅

辣味粒粒芝士饼
Diced Chilli Cheddar Cheese Cake

★★★★ 味道 Taste
★★★★★ 卖相 Appearance
★★★ 制作难度 Difficulty
★★★★ 受欢迎程度 Popularity
★★★ 健康指数 Healthiness

创意轻怡糕饼

45

材料

消化饼底

麦维他消化饼60克（6块），牛油熔液30克。

馅料

MG 奶油芝士200克，细砂糖70克，蛋黄3只，青
柠檬半个，牛油熔液30克，高熔点辣味芝士粒60
克，高熔点芝士粒60克。

装饰

防潮糖霜5克，白兰地卷。

制作

1. **饼底**｜将消化饼压碎，加入牛油熔液，拌匀，倒入
   饼模，压平成饼底。

2. **芝士馅**｜将青柠檬刨皮和榨汁。将奶油芝士和细砂
   糖搅滑，加入蛋黄和柠檬青、柠檬汁和牛油熔液，
   搅匀，最后加入高熔点辣味芝士粒拌匀，倒在铺有
   高熔点芝士粒的饼底上。A~C

3. **组合**｜把芝士饼坐于已注水的烤盘上，放入已预热
   180℃的烤炉，烤30分钟，出炉，撒上防潮糖霜，
   装饰。D~E

迷迭香

芝士馅

消化饼底

日式山葵芝士饼
Japanese Wesabi Cheese Cake

★★ 健康指数 Healthiness
★★★
★★ 受欢迎程度 Popularity
★★★
★★ 制作难度 Difficulty
★★★
★★ 卖相 Appearance
★★★★
★★ 味道 Taste
★★★

创意轻怡糕饼

47

材料

消化饼底

消化饼110克（磨碎），牛油50克（坐熔）。

山葵芝士馅

蛋白6只，细砂糖55克，奶油芝士200克，淡奶油160克，
蛋黄4只，粟粉40克，山葵粉30克，柠檬1/2个。

制作

1. **消化饼底**｜把消化饼碎和牛油熔液混合，放在饼模内压
   实，放入烤炉用150℃烤10分钟。 A ～ B

2. **山葵芝士馅**｜奶油芝士搅打顺滑，加入蛋黄搅
   打至完全融合，再拌入已打发好的淡奶油。粟
   粉与山葵粉筛匀拌入芝士馅料中。 C ～ F 蛋白
   与糖打发，再混入奶油芝士混合物。 G

3. **组合**｜在饼模内倒入山葵芝士馅料，放在已注
   水的烤盘上，用160℃烤45分钟，取出放凉，
   装饰。 H ～ J

朱古力装饰

山葵芝士馅

消化饼底

胡萝卜芝士蛋糕
Carrot Cheese Cake

创意轻怡糕饼

材料

胡萝卜蛋糕

鸡蛋2只，菜油40克，细砂糖60克，清水40克，低筋面粉45克，高筋面粉20克，泡打粉1/4茶匙，苏打粉1/4茶匙，肉桂粉1/4茶匙，葡萄干20克，核桃碎20克，胡萝卜丝80克。

饼面（辣味芝士慕斯）

奶油芝士100克，糖霜40克，柠檬青和汁1/2个，牛奶40克，鱼胶粉5克，清水35克，辣味芝士粒20克。

做法

1. **胡萝卜蛋糕**｜蛋糕模铺上一张牛油纸。将高筋面粉、低筋面粉、泡打粉和肉桂粉一同筛匀。将鸡蛋、细砂糖和菜油一起搅打至呈奶白色，加入所有粉材料，拌匀。胡萝卜丝、葡萄干和核桃碎混合，倒入饼模，放入预热180℃的烤炉，烤25分钟，出炉放凉。**A**

2. **饼面（辣味芝士慕斯）**｜将鱼胶粉和清水混合，搅匀，放在热水上坐熔，备用。将奶油芝士打至软滑，加入糖霜拌至细滑，再加入牛奶、胡萝卜丝、柠檬青和柠檬汁，然后拌入鱼胶粉水，搅匀，倒在蛋糕上成为饼面。在饼面撒上辣味芝士粒，放入冰箱冷藏至凝固便可。**B~C**

覆盆子

蓝莓

朱古力片装饰

奶油芝士慕斯

辣味芝士粒

胡萝卜蛋糕

青苹果慕斯饼
Green Apple Mousse Cake

健康指数 Healthiness ★★★
受欢迎程度 Popularity ★★★★
制作难度 Difficulty ★★★★
卖相 Appearance ★★★★
味道 Taste ★★★★

创意轻怡糕饼

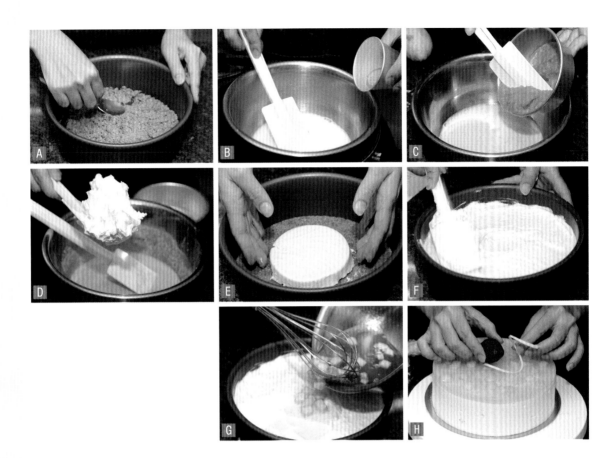

材料

消化饼底
消化饼110克（磨碎），牛油50克（坐熔）。

苹果慕斯馅
蛋黄1只，细砂糖20克，牛奶100克，苹果蓉80克，淡奶油50克（打发），柠檬青和汁1/4个，苹果粒50克，苹果酒5克，食用绿色素少许。

鱼胶粉水（调匀）
鱼胶粉15克，清水90克。

芝士馅
青苹果蓉50克，鸡蛋1只，细砂糖50克，淡奶油140克，马士加邦芝士350克（放软）。

饼面（啫喱）
啫喱粉50克，清水75克，鱼胶粉5克，食用绿色素少许，青苹果粒适量。

装饰
苹果片，白朱古力，杂莓。

制作

1. **消化饼底**｜把消化饼碎与牛油混合，压于饼模上，放入冰箱冻硬。**A**

2. **苹果慕斯馅**｜牛奶和细砂糖煮沸，加入蛋黄搅匀，再加入苹果蓉和1/3鱼胶粉水搅匀，徐徐拌入淡奶油和食用色素，倒入饼模置冰箱中冷藏至凝固。**B～D**

3. **芝士馅**｜将芝士、蛋黄拌匀，再拌入青苹果蓉和鱼胶粉水；将蛋白与细砂糖打发，拌入芝士混合物，卷入淡奶油。

4. **饼面**｜所有材料混合搅匀成啫喱水。

5. **组合**｜取出消化饼底，将苹果慕斯馅放在中央，倒入芝士馅，放回冰箱冷藏至凝固，取出，倒上啫喱水，再放在冰箱中冷藏至凝固，取出放上装饰便可。**E～H**

石榴慕斯冻饼
Champ Agne & Pomegranate Mousse Cake

创意轻怡糕饼

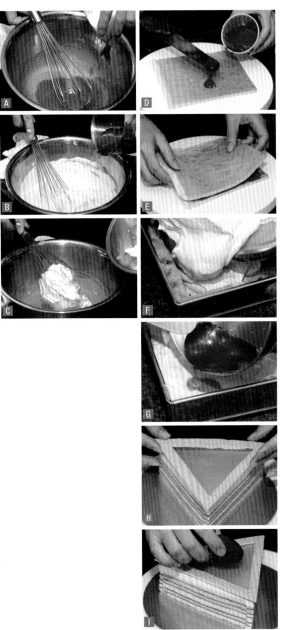

材料

清蛋糕（参阅110页）

石榴慕斯馅

蛋黄2只，鸡蛋1只，细砂糖30克，石榴果蓉130克，淡奶油200克（打发），香槟酒10克。

鱼胶粉水

鱼胶粉10克，清水60克。

饼面（啫喱）

鱼胶粉10克，细砂糖5克，清水70克，香槟酒30克，食用红色素少许。

装饰

薄荷叶，杂莓，朱古力．

制作

1. **鱼胶粉水**｜鱼胶粉与清水调匀，再坐于热水上搅溶。

2. **啫喱饼面**｜把所有材料混合搅匀成啫喱水。

3. **石榴慕斯馅**｜蛋黄、鸡蛋和细砂糖坐在热水上打至浓稠，加入石榴蓉、鱼胶粉水、香槟酒搅匀，慢慢地卷入淡奶油。**A～C**

4. **组合**｜把清蛋糕切成三片，把其中两片蛋糕涂上石榴果酱，叠在一起；把另一片蛋糕放在饼模上，把涂有石榴果酱的蛋糕围边，中间倒入石榴慕斯，放入冰箱冷藏至凝固，取出倒上啫喱水，再放回冰箱冷藏至凝固，最后放上装饰。**D～I**

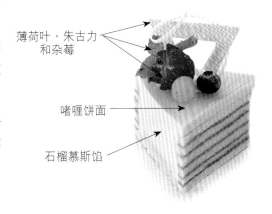

薄荷叶、朱古力和杂莓

啫喱饼面

石榴慕斯馅

绿茶慕斯蛋糕
Green Tea Mousse Cake

创意轻怡糕饼

材料

绿茶蛋糕

蛋黄4只，细砂糖40克（加入蛋黄），蛋白4只，细砂糖50克（加入蛋白），清水30克，菜油50克，低筋面粉85克，绿茶粉5克，朱古力蛋糕1片（参阅112页）。

绿茶慕斯

蛋黄4只，细砂糖70克，牛奶150克，绿茶粉10克，甜奶油300克，朱古力蛋糕1片。

鱼胶粉水

鱼胶粉10克，清水60克。

装饰

覆盆子，朱古力装饰，绿茶粉，薄荷叶。

制作

1. **绿茶蛋糕** ｜ 把蛋黄、细砂糖、清水和菜油搅匀，混入低筋面粉和绿茶粉。蛋白打发，再加入细砂糖打至干性发泡，拌入蛋黄混合物，轻轻拌匀后倒入蛋糕模中，放入已预热160℃的烤炉中烤25分钟，放凉后切成两片，只取一片。**E**~**G**

2. **鱼胶粉水** ｜ 把鱼胶粉与清水调匀，坐在热水上搅至溶解。

3. **绿茶慕斯馅** ｜ 牛奶煮暖；加入细砂糖和绿茶粉搅匀，拌入蛋黄混合，与鱼胶水搅匀，再慢慢地卷入甜奶油。**H**~**K**

4. **组合** ｜ 把一片绿茶蛋糕放在蛋糕模上，淋上一层慕斯，再放一片朱古力蛋糕，倒上一层慕斯置冰箱中冻藏，取出后在饼面撒上绿茶粉，配上装饰。**L**~**O**

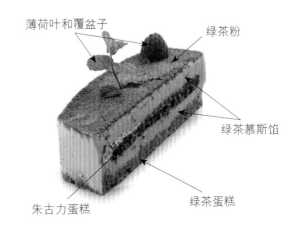

薄荷叶和覆盆子　　　绿茶粉

绿茶慕斯馅

朱古力蛋糕　　　绿茶蛋糕

芒果奶油当
Mango Cream Dome

★★★★★ 味道 Taste
★★★★ 卖相 Appearance
★★★ 制作难度 Difficulty
★★★ 受欢迎程度 Popularity
★★ 健康指数 Healthiness

创意轻怡糕饼

材料

蛋糕料

蛋黄4只，细砂糖40克（加入蛋黄），菜油40克，低筋面粉90克，泡打粉1/2茶匙，蛋白4只，细砂糖50克（加入蛋白），清水50克。

芒果馅

芒果1个（切粒），甜奶油100克（打发）。

装饰

蛋糕碎，朱古力条，薄荷叶，朱古力片。

制作

1. **蛋糕**｜将蛋黄和细砂糖打至浓稠，加入菜油、清水、低筋面粉和泡打粉拌匀。蛋白打发，加入细砂糖打至浓稠，再拌入蛋黄混合物。倒入蛋糕模，放已预热好160℃的烤炉，烤20~25分钟。将蛋糕切成4片，其中一片切成环状。 A ~ D

2. **蛋糕碎**｜把用剩的蛋糕风干至硬实，压碎或磨碎备用。 E ~ F

3. **组合**｜每片蛋糕涂上甜奶油，在蛋糕层之间放上适量芒果粒，用手压实，切成半球状，涂上奶油，放上蛋糕碎和装饰。 G ~ N

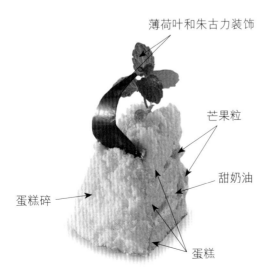

薄荷叶和朱古力装饰

芒果粒

甜奶油

蛋糕碎

蛋糕

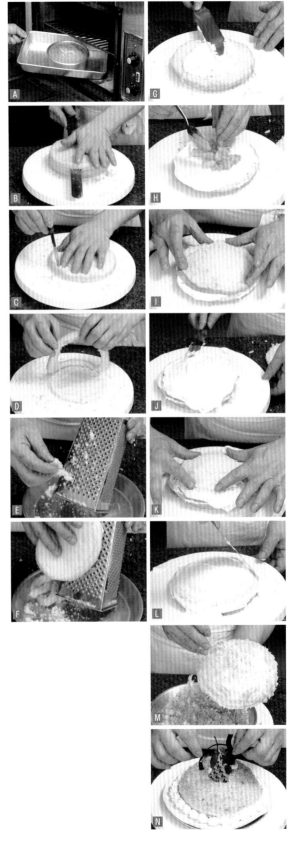

法式朱古力千层
French Chocolate Layers

创意轻怡糕饼

材料

朱古力蛋糕

蛋黄5只，细砂糖25克（加入蛋黄），蛋白6只，细砂糖80克（加入蛋白），黑朱古力50克（坐熔），牛油30克（坐熔），可可粉30克，热水80克，低筋面粉65克，粟粉20克。

榛子吉士奶油

吉士粉40克，牛奶80克，榛子酱40克，甜奶油100克（打发）。

朱古力酱

淡奶油280克，黑朱古力180克（坐熔），白朱古力120克（坐熔），牛油80克（坐熔），朗姆酒少许。

装饰

白朱古力片，黑朱古力片装饰，开心果/榛子果仁。

制作

1. **朱古力蛋糕** | 把蛋黄与细砂糖打成糊状；可可粉与热水调匀，加入朱古力熔液、牛油熔液和蛋黄混合物搅匀。蛋白打至干性发泡，加入蛋黄混合物，拌入面粉和粟粉，倒入烤盘，用150℃烤20~25分钟，放凉后切成长方形。 A ~ H

2. **榛子吉士奶油** | 吉士粉与牛奶拌匀，拌入榛子酱，卷入甜奶油。

3. **朱古力酱** | 淡奶油隔水煮热，加入黑、白朱古力拌匀，再加入牛油液和朗姆酒。 I

4. **组合** | 把朱古力酱淋在蛋糕上，挤上榛子酱，放上白朱古力片，再挤上榛子酱，放上黑朱古力和沾有朱古酱的开心果或榛子。 J ~ L

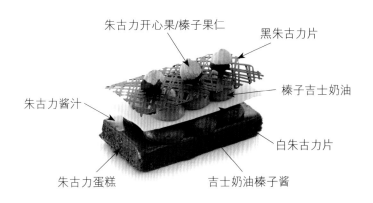

朱古力开心果/榛子果仁

黑朱古力片

朱古力酱汁

榛子吉士奶油

白朱古力片

朱古力蛋糕

吉士奶油榛子酱

焦糖慕斯饼
Caramel Mousse Cake

创意轻怡糕饼

材料

消化饼底

消化饼50克（磨碎），牛油25克（坐熔）。

焦糖慕斯

蛋黄2只，牛奶60克，淡奶油120克（打发），杏仁粉90克（烘香），杏仁酒1汤匙。

鱼胶粉水

鱼胶粉10克，清水70克。

焦糖

细砂糖100克，清水10克。

装饰

朱古力，覆盆子，薄荷叶。

制作

1. **消化饼底** 消化饼碎倒入牛油熔液拌匀放在饼模压平，放入冰箱冷藏。A~B

2. **鱼胶粉水** 鱼胶粉与清水拌匀，坐热水搅溶。

3. **焦糖** 细砂糖煮至焦身然后加入少许清水。C~E

4. **焦糖慕斯** 牛奶煮热与蛋黄混合物搅匀，加入鱼胶粉水和焦糖拌匀，再卷入淡奶油，加入杏仁粉拌匀。F~J

5. **组合** 取出消化饼底，倒入焦糖慕斯，放入冰箱冷藏至凝固，取出再放上装饰。K

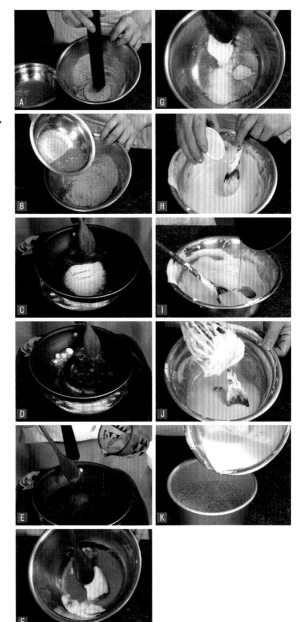

朱古力、薄荷叶和覆盆子

焦糖慕斯

消化饼底

红粉佳人
Pink Lady

★★★★ 健康指数 Healthiness
★★★ 受欢迎程度 Popularity
★★★★ 制作难度 Difficulty
★★★★ 卖相 Appearance
★★★★★ 味道 Taste

创意轻怡糕饼

材料

清蛋糕1片（请参阅108页）。

覆盆子芝士馅

马士卡邦芝士150克（放软），细砂糖20克，蛋黄1只，覆盆子35克，淡奶油100克（打发）。

鱼胶粉水

鱼胶粉5克，清水30克。

草莓啫喱

草莓啫喱粉50克，细砂糖10克，鱼胶粉8克，热水100克。

装饰

杏仁糕少许，食用红色素少许，糖霜。

制作

1. **草莓啫喱**｜所有材料混合，倒入心形模，放冰箱冷冻至凝固。**A**

2. **鱼胶粉水**｜鱼胶粉与清水拌匀，坐在热水上搅拌至完全溶解。

3. **覆盆子芝士馅**｜马加士邦芝士与细砂糖打滑，加入蛋黄和覆盆子蓉拌匀，拌入鱼胶粉水，再卷入淡奶油。**B~D**

4. **杏仁糕花朵**｜杏仁糕与食用红色素搓匀，做成小花朵。**E~G**

5. **组合**｜蛋糕用模具切成心形，放在慕斯模中，倒入覆盆子芝士馅约3分满，放上啫喱，再倒入覆盆子芝士馅，置冰箱中冷藏至凝固。退模后，撒上糖霜，放上装饰。**H~J**

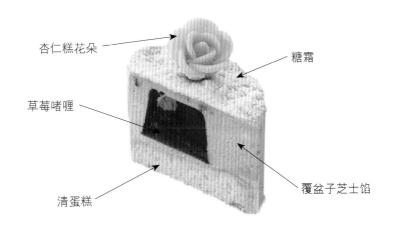

杏仁糕花朵

糖霜

草莓啫喱

覆盆子芝士馅

清蛋糕

人参梳扶厘
Ginseng Souffle

创意轻怡糕饼

材料

牛油60克，低筋面粉45克，牛奶120克，
蛋黄2只，蛋白2只，细砂糖10克。

人参酱

切片人参70克，清水10克。

饰面

糖霜

制作

1. **人参酱**｜把人参和清水用搅拌机搅碎。
2. **梳扶厘**｜牛油和低筋面粉混合，搅成粉浆。牛奶煮沸，倒入粉浆煮成糊状，加入人参酱，再加入蛋黄搅滑。蛋白打发，加细砂糖打至干性发泡，加进牛油混合物中。A～D
3. **组合**｜用少许牛油抹匀烤杯，撒入适量糖再抹匀全烤杯，舀入梳扶厘浆，置烤炉用200℃烤10分钟，再撒糖霜饰面。E～I

糖霜

梳扶厘

酒店式
经典糕饼

　　早在 20 世纪 70 年代，香港酒店式糕饼以法国和德国的糕饼为主，风格很欧化，味道浓重，非常甜。那时酒店的总饼师皆为瑞士、法国和德国人，为高级糕饼奠定了良好基础，到了 20 世纪八九十年代，日式糕饼潮开始冒起，继而在香港抢滩，渐受欢迎，但高级糕饼仍以法式为主，及后聪明的饼师让两者平衡共存，味道变淡，外观仍偏于欧美食风，如 opera、sacher、心太软、芒果慕斯等，屹立不倒，都是以朱古力味道为主。随着时光飞逝，酒店式糕饼以简单装饰，味道层次多为主打，亦以精巧细致为特色，有时特显卖相，配上手工小花、公仔造型、拉糖等，表现了饼师们的巧手和心思。

皇中之皇
Chocolate Earl Grey Tea Cake

酒店式经典糕饼

材料

朱古力海绵蛋糕1片，纯味海绵蛋糕1片，黑朱古力熔液适量（扫饼底用）。

松酥饼底

牛油60克，糖霜35克，鸡蛋1只，低筋面粉125克。

伯爵红茶朱古力馅

牛奶100克，伯爵红茶5包，淡奶油100克（伯爵奶茶用），黑朱古力熔液适量，特浓朱古力酱100克，淡奶油100克（特浓朱古力用），蛋黄3只，细砂糖60克（拌蛋黄用），蛋白3只，细砂糖60克（拌蛋白用），淡奶油100克，朗姆酒5克，鱼胶粉10克，清水70克（调鱼胶粉用）。

朱古力镜面

淡奶油80克，黑朱古力120克，粟胶5克，蜜糖10克，朗姆酒3克。

制作

1. **松酥饼底** | 将牛油和糖霜搅滑，加入鸡蛋，然后倒入低筋面粉，搓揉做成粉团。用木棍将粉团压平，放入7寸蛋糕模，压成饼底，放入已预热的烤炉，以180℃烤15分钟。取出放凉，涂上黑朱古力，铺上一块海绵蛋糕。**A**

2. **伯爵红茶馅** | ①牛奶和伯爵红茶包同置煲中煮沸，隔去茶包，加入淡奶油，搅匀。②再加入黑朱古力，搅成朱古力酱。③将蛋黄和细砂糖打至呈奶白色，加入淡奶油与特浓朱古力酱拌匀成蛋黄朱古力混合物。④蛋白打发，加入细砂糖，打至干性发泡，再混合蛋黄朱古力酱，拌匀。⑤将淡奶油打发，加入蛋黄朱古力混合物内，混合均匀，再加朗姆酒和鱼胶粉水，搅匀。

3. **朱古力镜面** | 将淡奶油、粟胶和蜜糖煮沸，加入黑朱古力搅匀，做成朱古力酱冻，淋上朗姆酒。

4. **组合** | 倒一半伯爵红茶馅于蛋糕模中，放一片朱古力海绵蛋糕，然后倒入另一半馅料，放入冰箱，冷藏至凝固，涂上朱古力镜面，加上装饰。**B**~**F**

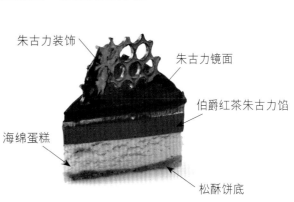

朱古力装饰 — 朱古力镜面 — 伯爵红茶朱古力馅 — 海绵蛋糕 — 松酥饼底

香橙杏仁朱古力挞
Chocolate Tart with Orange and Almond

★★★★★ 味道 Taste
★★★★★ 卖相 Appearance
★★★★★ 制作难度 Difficulty
★★★★★ 受欢迎程度 Popularity
★★★★★ 健康指数 Healthiness

此食谱由福基国际工业股份有限公司提供
示范者：Raymond Chan（陈伟民），Oscar Ng（吴汉杰）

酒店式经典糕饼

材料

朱古力脆饼底

低筋面粉250克，Opera（22/24）可可粉30克，糖霜125克，牛油125克，盐1.25克，鸡蛋37.5克，蛋黄23.25克。

杏仁忌廉

牛油75克，细砂糖60克，鸡蛋75克，杏仁粉75克，盐1克。

香橙果酱

橙1 000克，细砂糖200克，黄糖60克，转化糖100克，牛油清60克，柠檬汁50克，果胶5克。

朱古力糖霜

清水75克，淡奶油320克，细砂糖450克，Opera（22/24）可可粉160克，浸软鱼胶18克，清水95克。

Samana朱古力忌廉

Samana 70% 朱古力120克（切碎）
蛋黄60克，细砂糖25克，牛奶130克，淡奶油130克

装饰

金装朱古力粒适量，香橙糖片适量，颜色喷雾朱古力忌廉。

制作

1. **朱古力脆饼底**｜把低筋面粉、可可粉和盐一同过筛。糖霜和牛油打至浮软变白，加入鸡蛋和蛋黄拌匀，再拌入面粉搅成粉团，置冰箱冷藏15分钟。

2. **杏仁奶油**｜所有材料拌匀，置冰箱冷藏2小时。把朱古力脆饼底取出，擀成2毫米厚，放在挞模上，再挤入杏仁奶油，放已预热的烤炉，以180℃烘烤25~30分钟。

3. **香橙果酱**｜橙放盐水浸4分钟，取出沥干水。把橙放入清水煮沸直至橙皮变透明。将橙转放混合糖中搅碎，然后与牛油清和柠檬汁混合，再与果胶拌匀，倒在模具上，放入冰箱冷藏至凝固。

4. **朱古力糖霜**｜将清水、淡奶油、细砂糖和可可粉同放双层煲内隔水加热5分钟，与已含水的鱼胶拌匀，待冷备用。

5. **Samana70%朱古力忌廉**｜把蛋黄、牛奶和淡奶油煮成英式奶油酱，与朱古力混合成幼滑的忌廉。

6. **组合**｜把部分Samana70%朱古力忌廉挤入饼底，再放入香橙果酱，然后再挤入Samana70%朱古力忌廉至满，放上装饰便可。

雪糕华子莲
Ice Cream Vacherin

酒店式经典糕饼

材料

马令

蛋白100克，细砂糖200克，粟粉15克。

馅料

甜奶油（打发）。

饰面

雪糕球200克（分成球状），杏仁碎2汤匙，
朱古力针1汤匙，粉红色淡奶油。

制作

1. **马令**｜将蛋白打发，再慢慢加入细砂糖打
   至干性发泡，加入粟粉混合搅匀，将蛋白
   糊装进挤花袋内，挤在牛油纸上成蛇饼
   状，共做三个，用50℃烤2小时。**A**～**D**

2. **粉红色奶油**｜把适量淡奶油打发，加入少
   许食用色素拌匀，即可。

3. **组合**｜每块马令涂上甜奶油，叠在一起做
   成马令饼，饼边涂上甜奶油，黏上马令
   碎，面上放雪糕球，挤上粉红色淡奶油，
   撒上杏仁碎和朱古力针装饰。**E**～**H**

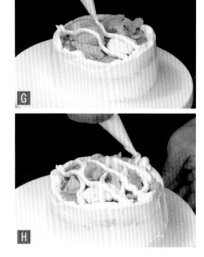

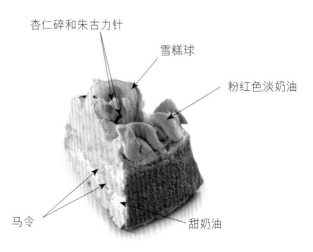

杏仁碎和朱古力针

雪糕球

粉红色淡奶油

马令

甜奶油

咖喱芒果蓉樱花芝士饼
Curry Mango Purée & Popper Seed Cheese Cake

酒店式经典糕饼

材料

朱古力脆脆饼底

朱古力脆脆米60克，法国牛奶朱古力30克（坐熔）

咖喱芒果蓉芝士馅

马士加邦芝士200克，蛋黄2只，细砂糖30克（加入蛋黄），咖喱芒果蓉60克，樱花米（罂粟籽）20克，清水20克，蛋白2只，细砂糖40克（加入蛋白），朗姆酒5克，淡奶油180克，鱼胶粉10克，清水70克，海绵蛋糕1片。

制作

1. **饼底** ｜将朱古力脆脆米和朱古力熔液混合，拌匀，做成饼底。

2. **咖喱芒果蓉芝士馅料** ｜马士加邦芝士放在暖水上坐软，加入蛋黄和细砂糖搅打成糊状，加入咖喱芒果蓉和樱花米拌匀。蛋白打发，加入细砂糖，打至干性发泡，在另一器皿打发淡奶油。蛋白与淡奶油搅匀，加入樱花米糊中，拌匀。鱼胶粉与清水调匀，倒进糖蛋糊中拌匀，便成芝士馅料。

3. **组合** ｜在蛋糕模中放入朱古力脆脆米饼底，轻轻压实，倒一半芝士馅料，铺一片海绵蛋糕，再倒入另一半芝士馅料，放入冰箱冷藏至凝固，装饰。 A～C

朱古力装饰

海苔粉

光亮膏

咖喱芒果蓉芝士馅

咖喱芒果蓉芝士馅

朱古力脆脆饼底

美国芝士饼
American Cheese Cake

酒店式经典糕饼

77

材料

消化饼底

消化饼干12块，细砂糖50克，牛油50克。

芝士馅

奶油芝士740克，细砂糖110克，蛋黄4只，柠檬青和汁1个，白朱古力60克（熔化），甜奶油30克（打发）。

酸奶油

酸奶油60克，细砂糖10克。

装饰

脆糖片，鲜果。

制作

1. **消化饼底** ｜ 消化饼压碎，加入牛油熔液和糖搅匀，压在饼模内，用160℃烤10分钟。～

2. **芝士馅** ｜ 奶油芝士和糖打匀，加入蛋黄、柠檬汁和柠檬青，拌入熔化的白朱古力，加入甜奶油搅匀。C～E

3. **酸奶油** ｜ 把材料混合，备用。F

4. **组合** ｜ 把芝士馅倒入已烤好的消化饼底上，用锡纸包好后，坐在已注水的烤盆上，置烤炉内以160℃烤45分钟，再将酸奶油涂在蛋糕面上，烤2分钟，取出放凉，饰以脆糖片和鲜果。G

鲜果

酸奶油

芝士馅

消化饼底

沙荷蛋糕
Sacher Torte

健康指数 Healthiness
受欢迎程度 Popularity
制作难度 Difficulty
卖相 Appearance
味道 Taste

酒店式经典糕饼

材料

蛋糕

蛋黄6只，蛋白6只，细砂糖60克，牛油140克，黑朱古力400克（熔化），香草油1/2茶匙，柠檬青1个，低筋面粉180克。

朱古力酱

淡奶油280克，黑朱古力180克（切碎），白朱古力120克（切碎），牛油80克，朗姆酒少许。

装饰

白朱古力。

制作

1. **朱古力酱**｜淡奶油煮热，加入黑、白朱古力碎搅至呈光泽，拌入牛油和朗姆酒。 A~B

2. **蛋糕**｜牛油和糖打至光滑，慢慢加入蛋黄、柠檬青、香草油和朱古力熔液。蛋白打发，加细砂糖打至干性发泡。蛋白与牛油混合物搅匀，慢慢加入半份低筋面粉拌匀，再加入半份低筋面粉拌匀。将面粉糊倒入蛋糕模，放入烤炉用160℃烤45分钟。

3. **组合**｜蛋糕放凉后切成3片，每片薄薄地抹上朱古力酱，叠在一起，在蛋糕面厚厚地淋上朱古力酱，写上SACHER，蛋糕边挤上白朱古力装饰。 C~D

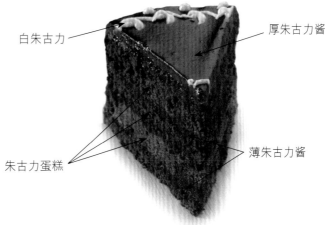

白朱古力　　　　　　　厚朱古力酱

朱古力蛋糕　　　　　　薄朱古力酱

多宝饼
Dobo Cake

酒店式经典糕饼

材料

蛋糕薄片

蛋黄4只，蛋白4只，细砂糖100克，牛油180克，低筋面粉130克，粟粉70克。

榛子牛油忌廉

牛油120克，糖霜30克，白兰地少许，榛子酱60克。

焦糖浆饰面

细砂糖100克，清水10克，食用红色素少许。

装饰

焦糖，榛子牛油忌廉，黑朱古力（熔化）。

制作

1. **蛋糕薄片｜**牛油与细砂糖打至奶白色，慢慢加入蛋黄拌匀，再将低筋面粉和粟粉筛入，拌匀。蛋白打发，分次加入面糊，轻手拌匀。取五张烤饼纸，在背后画一个20cm圆圈，将1/5的蛋糕糊均匀地抹在已划圆圈的烤饼纸上，每片用200℃烤5分钟。重复上述做法至烤出五片蛋糕薄片。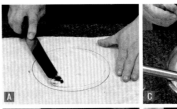A～B

2. **榛子牛油忌廉｜**牛油与糖霜打至软滑，加入白兰地和榛子酱搅匀。C～D

3. **焦糖浆饰面｜**细砂糖、清水、食用红色素混合均匀。

4. **组合｜**将一片蛋糕薄片涂上榛子牛油忌廉，叠放，重复做4次直至一个蛋糕成型。蛋糕面抹上一层榛子牛油忌廉；周边抹上朱古力浆。再将一片蛋糕涂上焦糖浆，切成十片，斜放在蛋糕面。E～J

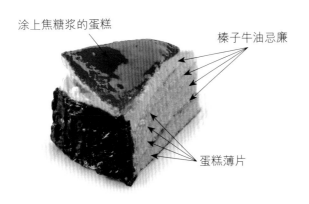

涂上焦糖浆的蛋糕

榛子牛油忌廉

蛋糕薄片

歌剧院蛋糕
Opera

酒店式经典糕饼

材料

杏仁蛋糕

蛋黄4只，蜜糖25克，菜油25克，蛋白4只，细砂糖60克，低筋面粉20克，粟粉10克，发粉1/2茶匙，杏仁粉50克。

榛子蛋糕

蛋黄4只，蜜糖25克，菜油20克，蛋白4只，细砂糖60克，低筋面粉20克，粟粉10克，发粉1/2茶匙，榛子粉50克。

咖啡牛油忌廉

牛油200克，糖霜50克，咖啡香油1/2茶匙，淡奶油50克（打发）。

朱古力奶油

甜奶油120克（打发），朗姆酒5克，黑朱古力100克（熔化），淡奶油50克（打发）。

饰面（朱古力酱）

淡奶油70克，黑朱古力45克，白朱古力30克，牛油20克，朗姆酒少许，面粉20克。

制作

1. **杏仁蛋糕/榛子蛋糕｜**蛋黄、蜜糖和菜油混合后一同搅匀；低筋面粉、粟粉、发粉和杏仁粉/榛子粉混合搅匀；蛋白加细砂糖打至干性发泡，拌入蛋黄混合物，再加入粉料混合物搅匀，倒在铺了牛油纸的烤盘上，放入已预热180℃的烤炉中，烤10~15分钟。 A ~ D

2. **咖啡牛油忌廉｜**牛油与糖霜打至浮软，加入咖啡香油，拌入淡奶油。

3. **朱古力忌廉｜**把所有材料拌匀。

4. **朱古力酱｜**制法参考第60页。

5. **组合｜**将咖啡牛油忌廉涂在杏仁蛋糕上；将朱古力奶油涂在榛子蛋糕上，相间地叠放，蛋糕面淋上朱古力酱，写上"OPERA"。 E ~ J

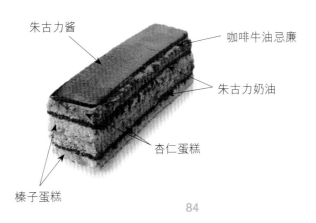

朱古力酱　咖啡牛油忌廉　朱古力奶油　杏仁蛋糕　榛子蛋糕

焗蓝莓芝士饼
Baked Blueberry Cheese Cake

健康指数
Healthiness
★★★

受欢迎程度
Popularity
★★★★

制作难度
Difficulty
★★★★

卖相
Appearance
★★★

味道
Taste
★★★★

酒店式经典糕饼

材料

消化饼底

消化饼55克，牛油25克（坐熔）。

芝士馅

奶油芝士250克（置室温放软），细砂糖65克，鸡蛋2只，淡奶油20克（打发），粟粉25克，牛油20克（坐熔），蓝莓130克。

饰面

蓝莓酱，草莓。

制作

1. **消化饼底** │ 消化饼压碎，倒入熔化的牛油拌匀，放在蛋糕模上压平。用160℃烤5~10分钟。A~E

2. **蓝莓芝士馅** │ 奶油芝士和细砂糖搅匀，加入鸡蛋和蓝莓拌匀，筛入粟粉，拌入淡奶油和牛油。F~H

3. **组合** │ 把蓝莓芝士馅料倒入消化饼底上，置烤炉内以170℃烤30分钟，取出放凉，放上蓝莓酱和草莓装饰。I~K

蓝莓酱

蓝莓芝士馅

消化饼底

维多利亚
Victoria

酒店式经典糕饼

材料

蛋糕

蛋黄9只，杏仁糕150克，肉桂粉1/2茶匙，蛋白180克，细砂糖80克，蛋糕碎50克，低筋面粉60克，橙皮60克，杏仁碎60克，发粉1/2茶匙。

可可糖水

可可粉60克，细砂糖10克，热水60克。

榛子酱吉士奶油

吉士粉40克，牛奶80克，榛子酱40克，甜奶油100克（打发）。

朱古力酱

淡奶油240克，黑朱古力225克（坐熔），白朱古力120克（坐熔），牛油6克（坐熔），朗姆酒60克。

装饰

朱古力，蓝莓，杏仁糕。

制作

1. **可可糖水**｜可可粉、糖与热水混合搅匀。

2. **蛋糕**｜杏仁糕与1只蛋黄打至顺滑，分次加入蛋黄拌匀成糊状，先后加入蛋糕碎、杏仁碎、低筋面粉、发粉、肉桂粉和橙皮混合均匀。蛋白打发，再加入细砂糖打至浓稠，加入蛋黄混合物至完全混合均匀。在牛油纸上画圆圈，把蛋糕糊抹在圆圈上，置烤炉以200℃烤7分钟。A～D

3. **榛子酱吉士奶油**｜吉士粉与牛奶搅至软，混入榛子酱，再慢慢卷入甜奶油。

4. **朱古力酱**｜把所有材料混合。E

5. **组合**｜取出蛋糕，在每片蛋糕上涂抹一层榛子酱吉士奶油，叠放成蛋糕，置冰箱冷藏至硬后，修齐边位，淋上朱古力酱，加上装饰。F～G

朱古力

蓝莓和杏仁糕

蛋糕

榛子吉士奶油

朱古力酱

德国芝士饼
German Cheese Cake

酒店式经典糕饼

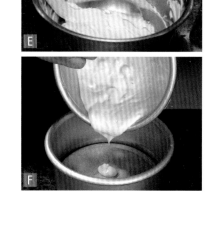

材料

松酥饼底

牛油120克，糖霜60克，鸡蛋1只，低筋面粉200克。

芝士蛋糕

奶油芝士600克，细砂糖110克，牛奶200克，柠檬青和汁1个，蛋黄5只，粟粉30克。

酒浸提子

提子干30克，朗姆酒10克。

饰面

糖霜。

制作

1. **松酥饼底** | 把牛油与糖霜打至转色，加入鸡蛋打透，再加入面粉搓揉成团，按入蛋糕模。A~C

2. **酒浸提子** | 提子干与朗姆酒拌匀浸过夜。

3. **芝士蛋糕** | 把奶油芝士与细砂糖打滑，加入蛋黄、柠檬青和汁拌匀，然后将牛奶倒入奶油芝士混合物搅匀，再加入粟粉。D~E

4. **组合** | 把松酥饼底以180℃烤约10分钟至七成熟，取出倒入酒浸提子与芝士奶油混合物拌匀，以180℃烤40分钟，取出放凉后撒上糖霜。F

芝士蛋糕

糖霜

酒浸提子

松酥饼底

安度露斯蛋糕
Andalouse Torte

酒店式经典糕饼

材料

清蛋糕
鸡蛋3只，细砂糖50克，牛油30克，清水40克，低筋面粉60克，发粉1/2茶匙。

朱古力蛋糕
鸡蛋3只，细砂糖50克，牛油30克，低筋面粉55克，发粉1/2茶匙，可可粉5克。

香橙慕斯
细砂糖80克，蛋黄3只，橙汁和橙青1个，浓缩橙汁60克，橙酒50克，甜奶油180克（打发），鱼胶粉10克，清水70克，食用橙色素少许。

饰面
蜜饯橙片、朱古力、草莓适量。

制作

1. **双色蛋糕（清蛋糕和朱古力蛋糕）**┃鸡蛋和细砂糖打至浓稠，加入低筋面粉（和可可粉）搅匀，倒入牛油熔液搅成糊状，置烤炉中用180℃烤15分钟。A ~ E

2. **香橙慕斯**┃蛋黄和糖坐热水打发，加入食用橙色素、橙青和浓缩橙汁混合搅匀；倒入鱼胶粉溶液，拌入已打发的甜奶油和橙酒搅匀。F ~ H

3. **组合**┃两种蛋糕放凉后，用模具切出不同大小的圆形蛋糕圈，再砌成间色的双色蛋糕。把一层双色蛋糕置在蛋糕模内，放上一层香橙慕斯，重复一次，放入冰箱中冷藏至凝固。在蛋糕面上，插上蜜饯橙片和朱古力片，放上草莓，撒上橙丝。I ~ N

蜜饯橙片和朱古力片

香橙慕斯

双色蛋糕

朱古力榛子慕斯饼
Chocolate and Hazelnut Mousse Cake

味道 Taste ★★★
卖相 Appearance ★★★★
制作难度 Difficulty ★★★★★
受欢迎程度 Popularity ★★★★
健康指数 Healthiness ★★★

酒店式经典糕饼

材料

清蛋糕1片（参阅108页）。

榛子慕斯

牛奶40克，吉士粉40克，清水40克，榛子酱50克，甜奶油160克（打发），白樱桃酒1汤匙。

可可慕斯

蛋黄2只，细砂糖60克，牛奶100克，可可粉20克，清水60克，甜奶油100克（打发），朗姆酒2茶匙。

鱼胶粉水（2份）

鱼胶粉10克，清水60克。

装饰

薄荷叶，鲜莓，脆糖片。

制作

1. **鱼胶粉水**｜鱼胶粉与水混合，坐于热水上搅溶。

2. **榛子慕斯**｜牛奶、吉士粉和清水混合搅匀，加入榛子酱拌匀，加入鱼胶粉水混合，徐徐拌入甜奶油，加入白樱桃酒搅匀。**A ~ C**

3. **可可慕斯**｜牛奶、糖和可可粉一同煮热，混入蛋黄搅匀，加入鱼胶粉水，再徐徐卷入甜奶油，加入朗姆酒搅匀。**D ~ F**

4. **组合**｜把清蛋糕放在可脱底的蛋糕模上，淋上一层可可慕斯，再淋上一层榛子慕斯，放冰箱中冷藏至凝固，取出后放上装饰。**G ~ H**

鲜莓

榛子慕斯

可可慕斯

清蛋糕

香蕉马令
Banana Meringue

健康指数 Healthiness ★★★★
受欢迎程度 Popularity ★★★
制作难度 Difficulty ★★★★
卖相 Appearance ★★★★
味道 Taste ★★★★★

酒店式经典糕饼

材料

蛋白马令

蛋白100克，细砂糖200克，粟粉15克。

朱古力馅

黑朱古力100克，淡奶油100克，朗姆酒1茶匙，咖啡香油少许，杏仁粒30克，柠檬青和汁1/4个，香蕉1只。

饰面

脆糖片，淡奶油，覆盆子。

制作

1. **蛋白马令** | 蛋白打发，加入糖打至干性发泡。加入粟粉，拌匀，在牛油纸背面画圆圈，将蛋白糊装进挤花袋，挤在牛油纸上成蛇饼形状，以50℃烤约2小时。 **A ~ F**

2. **朱古力馅** | 香蕉切片，用柠檬青和汁搅匀 **G**；淡奶油打发，加入咖啡香油和朗姆酒搅匀。

3. **组合** | 朱古力用热水坐熔，扫在蛋白马令上，放少许甜奶油，放香蕉片，淋上朱古力酱，撒上杏仁粒，用淡奶油（打发）、脆糖片和覆盆子装饰。 **H ~ L**

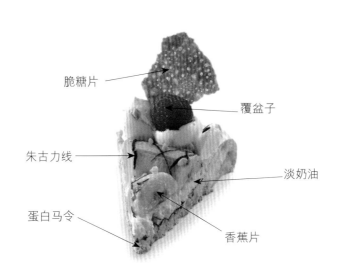

脆糖片

覆盆子

朱古力线

淡奶油

蛋白马令

香蕉片

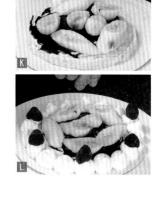

连沙挞
Linzer Torte

酒店式经典糕饼

97

材料

松酥饼底

牛油120克，细砂糖60克，鸡蛋1只，蛋糕碎120克，杏仁碎60克，低筋面粉70克，肉桂粉1/2茶匙，发粉1/2茶匙，臭粉1/2茶匙。

草莓馅

清蛋糕1片（参阅108页），草莓酱120克。

扫面

蛋黄1只，清水1汤匙。

制作

1. **松酥饼底**｜牛油和细砂糖打至软滑；加入鸡蛋打透。混入其他材料搓成粉团，放冰箱内冷藏20分钟。取半份面团擀平，压在批盘内并修边。A～F

2. **挞面**｜将剩余粉团擀平，用批皮剪把面皮剪成长条。G

3. **组合**｜饼底抹上果酱，放上蛋糕，再抹上果酱，交叉地放上面皮长条，扫上蛋黄水，用180℃烤20分钟。出炉后，抹上果酱。H～J

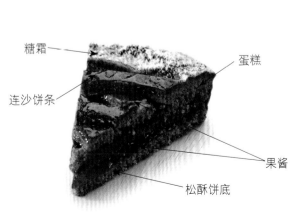

糖霜　　蛋糕　　连沙饼条　　果酱　　松酥饼底

朱古力至尊
Supreme Chocolate Cake

味道 Taste ★★★★★
卖相 Appearance ★★★★★
制作难度 Difficulty ★★★★★
受欢迎程度 Popularity ★★★★★
健康指数 Healthiness ★★★★★

酒店式经典糕饼

材料

消化饼底
消化饼60克（约6块），牛油30克。

咖啡酒奶油芝士馅
奶油芝士200克，细砂糖40克，蛋黄2只，青柠皮和汁半个，牛油熔液30克，咖啡酒8克。

软心朱古力馅
黑朱古力60克，淡奶油50克（熔朱古力用），朗姆酒5克，淡奶油100克，鱼胶片2片（约4克），浸软。

蛋白慕斯
蛋白1只，细砂糖20克，朱古力脆脆20克，淡奶油30克，红姜粒20克，姜酒2克，鱼胶片2片（浸软）。

饼面
淡奶油50克，咖啡酒1汤匙，黑朱古力60克，细砂糖10克，朗姆酒5克。

制作

1. **饼底**｜压碎消化饼，加入牛油，搅匀，倒入蛋糕模，压成饼底，放入已预热的烤炉170℃烤7分钟。

2. **咖啡酒奶油芝士馅**｜将奶油芝士和细砂糖打至软滑，加入蛋黄搅匀，然后拌入牛油熔液和咖啡酒，倒在饼底上，用锡纸封口，坐水放入已预热的烤炉，用170℃烤35分钟。

3. **蛋白慕斯**｜将所有材料搅匀即可，放在青柠檬芝士馅饼上，放进冰箱冷藏至凝固。

4. **软心朱古力馅**｜淡奶油和黑朱古力坐热水搅溶。

5. 朗姆酒和淡奶油同置器皿内，打发至七成，加入朱古力熔液，混合，加入已浸软的鱼胶，搅匀，倒在蛋白慕斯上，置冰箱冷藏半小时。

6. **饼面**｜将淡奶油、咖啡酒和黑朱古力坐热水搅熔，再加入朗姆酒、细砂糖和咖啡酒，拌匀，倒在饼面上，冷藏至凝固，用白朱古力和水果装饰。 A~D

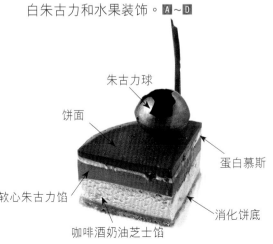

朱古力球

饼面

蛋白慕斯

软心朱古力馅

消化饼底

咖啡酒奶油芝士馅

心太软朱古力蛋糕
Molten Chocolate Cake

健康指数 Healthiness ★★★☆☆
受欢迎程度 Popularity ★★★★☆
制作难度 Difficulty ★★★★☆
卖相 Appearance ★★★☆☆
味道 Taste ★★★★★

酒店式经典糕饼

材料

牛油60克（切碎），黑朱古力100克（切碎），蛋黄2只，鸡蛋2只，细砂糖40克，低筋面粉15克，可可粉5克，牛油适量（涂模用），面粉适量（涂模用）。

装饰

糖霜。

制作

1. 将牛油和朱古力碎坐于热水上，轻轻搅动，直至朱古力差不多完全熔化，待用。**A~B**

2. 鸡蛋、蛋黄和细砂糖打至浓稠，拌入朱古力浆中。**C~E**

3. 面粉和可可粉筛匀，快手与朱古力蛋浆拌匀。**F**

4. 用牛油扫匀4个180毫升蛋糕模，筛入适量面粉，然后倒出多余面粉，重复一次扫油及上粉工序。将粉浆分别注入模中，至八分满。放入烤炉用210℃隔水烤12~15分钟。**G~K**

5. 烤好后即取出，放1~2分钟，以小刀沿蛋糕边画一圈，连模覆于平碟上，小心脱模。在蛋糕顶撒上糖霜作装饰，趁热享用。**L**

朱古力蛋糕

朱古力浆

人气

港式糕饼

　　雅俗共赏，最能形容人气港式糕饼，因为那些看似旧式，却还可以在公营屋村生存。它的美在于平民化，历久弥新，如水果奶油蛋糕、黑森林蛋糕、彩虹卷、拿破仑饼和牛角奶油筒等，与香港人走过不少风雨，见证许多悲欢离合，为大家留下不少生活回忆；上至八十老翁，下至三岁小孩，只要尝过一次这些人气饼，便会一咬难忘。物转星移，大家的集体回忆，就是从美食开始。

芒果奶油蛋糕
Mango Cream Cake

人气港式糕饼

材料

清蛋糕
蛋黄4只，细砂糖45克（蛋黄用），菜油50克，清水50克，低筋面粉90克，泡打粉1/2茶匙，蛋白4只，细砂糖45克（蛋白用）。

芒果甜奶油馅
甜奶油200克（打发），芒果1个（切粒）。

饰面
芒果4个（切片），光亮膏适量，朱古力玫瑰花2朵，朱古力叶2片，朱古力条2条。

制作

1. **蛋糕**｜蛋黄、细砂糖、菜油、清水拌匀，再将低筋面粉倒入蛋浆内搅匀成糊状。蛋白打发，加细砂糖打至干性发泡，再倒入蛋黄混合物慢慢搅匀，倒入蛋糕模，放入烤炉用160℃烤25~30分钟。A~H

2. **芒果甜奶油馅**｜所有材料混合一起。

3. **组合**｜将蛋糕平均地切成三片，每片蛋糕均涂上甜奶油，再放上芒果粒，叠在一起，并在蛋糕饼面涂上甜奶油，铺上芒果薄片，扫上光亮膏，摆上朱古力玫瑰花装饰。I~M

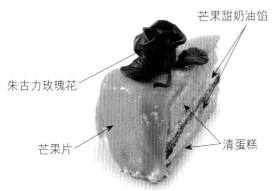

朱古力玫瑰花

芒果甜奶油馅

芒果片

清蛋糕

栗子奶油蛋糕
Chestnut Cream Cake

健康指数 ★★ Healthiness
受欢迎程度 ★★★★ Popularity
制作难度 ★★★★ Difficulty
卖相 ★★★★ Appearance
味道 ★★★ Taste

人气港式糕饼

材料

清蛋糕

蛋黄4只，细砂糖45克（加入蛋黄），菜油50克，清水50克，低筋面粉90克，泡打粉1/2茶匙，蛋白4只，细砂糖45克（加入蛋白）。

栗子蓉馅

栗子蓉300克（打滑），糖霜50克，甜奶油100克（打发），白樱桃酒1汤匙。

饰面

甜奶油（打发），栗子蓉，草莓，杏仁碎（烤香）。

制作

1. **清蛋糕**｜蛋黄、糖、菜油、清水拌匀，再将低筋面粉倒入蛋浆内搅匀成糊状。蛋白打发，加糖打至干性发泡，再倒入蛋黄混合物慢慢搅匀，倒入蛋糕模，放入烤炉用160℃烤25~30分钟。**A~D**

2. **栗子蓉馅**｜把栗子蓉与糖霜打至软滑，拌入甜奶油和白樱桃酒。**E~G**

3. **组合**｜蛋糕放凉后切成三片，每片蛋糕涂上栗子蓉馅料叠在一起。在蛋糕面涂上甜奶油和栗子蓉，放上草莓装饰，蛋糕边黏上杏仁碎。**H~M**

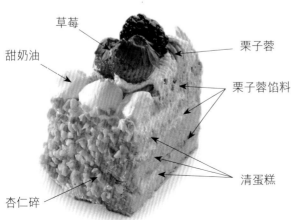

草莓
甜奶油
栗子蓉
栗子蓉馅料
杏仁碎
清蛋糕

橙香戚风蛋糕
Orange Chiffon Cake

★★☆ 健康指数 Healthiness
★★☆ 受欢迎程度 Popularity
★★★ 制作难度 Difficulty
★★★★ 卖相 Appearance
★★★★ 味道 Taste

人气港式糕饼

材料

蛋糕

鸡蛋3只，细砂糖50克，菜油20克，低筋面粉60克。

香橙慕斯馅

蛋黄3只，细砂糖20克，浓缩橙汁70克，食用红、黄色素少许，甜奶油100克（打发），橙酒20克。

鱼胶粉水

鱼胶粉10克，清水40克。

装饰

蛋糕碎（即蛋糕风干磨碎），淡奶油，柠檬或橙片。

制作

1. **蛋糕**｜把鸡蛋和细砂糖打至浓稠，加入低筋面粉搅匀，倒入菜油搅成糊状，置蛋糕模中用180℃烤15分钟。A~F

2. **鱼胶粉水**｜鱼胶粉与清水拌匀，坐于热水中搅至完全溶解。

3. **香橙慕斯**｜蛋黄和细砂糖打至浓稠，加入食用色素、橙酒和浓缩橙汁混合搅匀，加入鱼胶粉水，慢慢地卷入甜奶油搅匀。G~J

4. **组合**｜将蛋糕横切成一大一小两片，大片蛋糕在中间挖空，酿入香橙慕斯，再放上小片蛋糕，抹上甜奶油，四周黏上蛋糕碎，挤上淡奶油，放上装饰。K

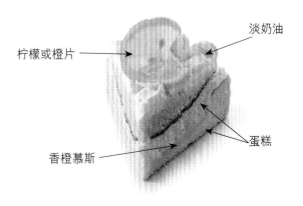

淡奶油

柠檬或橙片

香橙慕斯

蛋糕

黑森林蛋糕
Black Forest

味道 Taste ★★★★★
卖相 Appearance ★★★★
制作难度 Difficulty ★★★★
受欢迎程度 Popularity ★★★
健康指数 Healthiness ★★

人气港式糕饼

材料

朱古力蛋糕

蛋黄4只，细砂糖45克（蛋黄用），蛋白4只，细砂糖45克（蛋白用），菜油50克，清水50克，低筋面粉75克，可可粉15克，发粉1/2茶匙。

樱桃馅

罐装樱桃120克（对半切开），樱桃水240毫升，细砂糖60克，柠檬片1/2个，肉桂粉1/2茶匙，粟粉10克，朗姆酒1茶匙。

朱古力奶油

甜奶油240克（打发），朱古力100克（熔化），朗姆酒1汤匙。

装饰

朱古力片适量，草莓适量，糖霜适量。

制作

1. **朱古力蛋糕** | 蛋黄、细砂糖、菜油、清水拌匀成浆，再将低筋面粉和可可粉倒入蛋黄浆内搅匀成糊状。蛋白打发，加细砂糖打至干性发泡，再倒入蛋黄混合物慢慢搅匀，倒入蛋糕模，放入烤炉用160℃烤25~30分钟。**A~D**

2. **樱桃馅** | 将粟粉与40毫升樱桃水调匀；把剩余樱桃水与糖、柠檬片、肉桂粉煮沸，倒入粟粉水煮2分钟，再放入樱桃煮1分钟，加上朗姆酒拌匀，置盆中放凉。

3. **朱古力奶油** | 所有材料拌匀。**E~G**

4. **组合** | 蛋糕切成三片，在一片蛋糕上抹朱古力奶油，放上樱桃馅，重复1次，再放上一片蛋糕后涂上一层朱古力奶油，饼面放上朱古力片，挤上朱古力奶油，放草莓，撒上糖霜。**H~O**

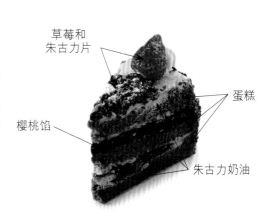

草莓和
朱古力片

蛋糕

樱桃馅

朱古力奶油

彩虹卷
Rainbow Roll

味道 Taste ★★★★
卖相 Appearance ★★★★
制作难度 Difficulty ★★★★
受欢迎程度 Popularity ★★★★
健康指数 Healthiness ★★★

人气港式糕饼

材料

清蛋糕卷

鸡蛋4只，菜油25克，细砂糖60克，低筋面粉70克，粟粉12克，泡打粉1/2茶匙。

红、绿蛋糕

鸡蛋4只，菜油25克，细砂糖60克，低筋面粉70克，粟粉12克，发粉1/2茶匙，食用红、绿色素。

外围装饰

淡奶油（打发），杏仁碎 / 鸟结糖。

饰面

糖霜。

制法

1. **清蛋糕卷**｜把鸡蛋与糖打至浓稠，加入面粉、粟粉和泡打粉拌匀，再加入菜油拌匀，倒在已垫牛油纸的长烤盘上，放入烤炉以180℃烤15分钟。A~D

2. **红、绿蛋糕**｜把鸡蛋与糖打至浓稠，加入面粉、粟粉和发粉拌匀，再加入菜油和食用色素拌匀，倒在已垫牛油纸的长烤盘上，放烤炉以180℃烤15分钟。E~F

3. **组合**｜先把两色蛋糕分别卷成卷状，再在清蛋糕涂上淡奶油，包上两色蛋卷卷成圆筒状，外围涂上淡奶油，贴上杏仁片，蛋卷顶上撒上糖霜。G~J

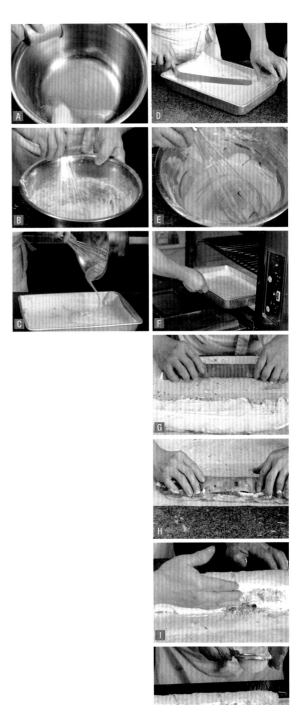

糖霜 / 奶油和杏仁片

清蛋糕卷

绿色蛋糕卷

红色蛋糕卷

淡奶油

杏仁圈
Almond Ring

人气港式糕饼

材料

蛋糕

鸡蛋6只，细砂糖100克，牛油40克（熔化），低筋面粉120克。

牛油奶油

牛油200克，糖霜50克，杏仁酒适量。

杏仁糖

细砂糖100克，清水10克，杏仁碎粒240克（烘香）。

饰面

杏仁粉。

制作

1. **蛋糕** ｜蛋黄和细砂糖打至浓稠，轻手拌入低筋面粉，再倒入牛油拌匀，倒进蛋糕模入烤炉180℃烤20~25分钟。

2. **牛油奶油** ｜牛油与糖霜打滑，加入杏仁酒。A~B

3. **杏仁糖** ｜细砂糖和清水同煮至金黄色，加入杏仁碎粒搅匀，倒入不黏布内，凉冻后压碎。C~D

4. **组合** ｜蛋糕放凉后横切成三片，每片均涂上牛油奶油，叠起，在最外层涂上牛油忌廉，在四周撒上杏仁粉和杏仁糖。E~H

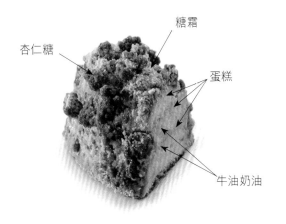

意大利芝士饼
Tiramisu

★★☆☆☆ 健康指数 Healthiness
★★★★☆ 受欢迎程度 Popularity
★★☆☆☆ 制作难度 Difficulty
★★★★☆ 卖相 Appearance
★★★★★ 味道 Taste

人气港式糕饼

材料

咖啡蛋糕

蛋黄2只，细砂糖20克（加入蛋黄），蛋白2只，细砂糖25克（加入蛋白），菜油20克，清水25克，咖啡粉5克，低筋面粉45克，发粉1/2茶匙。

马士加邦芝士馅

蛋黄4只，马士加邦芝士（放软）225克，细砂糖40克（加入蛋黄），淡奶油200克（打发），蛋白4只，细砂糖30克（加入蛋白）。

咖啡汁（浸手指饼）

热水100克，咖啡粉2茶匙，咖啡香油10克，咖啡酒1汤匙，杏仁酒1汤匙，手指饼5条。

鱼胶粉水

鱼胶粉10克，清水60克。

装饰

可可粉，糖霜，朱古力装饰。

制作

1. **咖啡蛋糕** │ 把蛋黄和细砂糖搅匀至浓稠状；咖啡粉和清水调匀，与菜油和低筋面粉搅匀，再拌入蛋黄混合物内。蛋白打发，加糖再打至干性发泡，拌入蛋黄混合物拌匀，倒入蛋糕模，放入烤炉用160℃烤20~25分钟。A ~ B

2. **鱼胶粉水** │ 鱼胶粉与清水拌匀，坐热水搅溶。

3. **咖啡汁** │ 咖啡粉先用热水调匀，加入咖啡香油、咖啡酒和杏仁酒调匀，倒在手指饼上浸片刻。

4. **马士加邦芝士馅** │ 将细砂糖和蛋黄打发，混入马士加邦芝士搅匀；蛋白和糖打发，加入芝士混合物拌匀，再拌入淡奶油，加入一点咖啡汁和1汤匙的咖啡酒拌匀。C ~ E

5. **组合** │ 咖啡蛋糕只切一片垫在蛋糕模上，（其余蛋糕不要）扫上咖啡汁，倒入适量芝士馅料，放上咖啡汁浸过的手指饼，再放上芝士馅料，放入冰箱冷藏至凝固，取出撒上可可粉，配上装饰。F ~ I

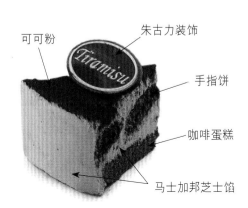

可可粉
朱古力装饰
手指饼
咖啡蛋糕
马士加邦芝士馅

栗子芝麻冻饼
Chestnut & Black Sesame Mousse Cake

★★★★ 味道 Taste
★★★★ 卖相 Appearance
★★★★ 制作难度 Difficulty
★★★ 受欢迎程度 Popularity
★★★ 健康指数 Healthiness

人气港式糕饼

119

材料

松酥饼底1个，果酱适量。（参阅26页），
方形清蛋糕1个（参阅108页）。

栗子慕斯馅

蛋黄4只，蛋白4只，细砂糖90克，栗子蓉
140克，淡奶油200克（打发），朱古力20克
（坐熔），朗姆酒5克。

鱼胶粉水

鱼胶粉15克，清水75克。

栗子球馅

栗子蓉100克，干果2汤匙，蛋糕碎50克，
朗姆酒1汤匙，黑、白芝麻适量。

装饰

白朱古力，蓝莓，薄荷叶。

制作

1. **鱼胶粉水**｜鱼胶粉放入清水中，坐于热水
   中搅拌溶解，拌入朗姆酒。

2. **栗子慕斯**｜蛋黄与细砂糖打至浓稠，拌入
   栗子蓉。

3. 蛋白打发，与细砂糖打至浓稠，拌入蛋黄
   混合物和鱼胶粉水，然后卷入淡奶油和朗
   姆酒。**A~D**

4. **栗子球**｜把所有材料混合在一起，搓成球
   状。

5. **组合**｜清蛋糕涂上果酱，卷成圆筒状，切
   成薄圆片。蛋糕模底放上松酥饼底，以圆
   蛋糕片围边，放上栗子球，倒入栗子慕
   斯。饼面淋上朱古力熔液，用竹签画几
   下，放入冰箱冷藏至凝固，取出放上装
   饰。**E~K**

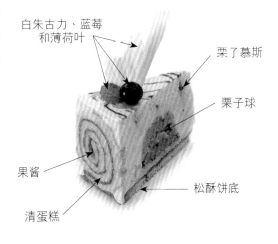

白朱古力、蓝莓
和薄荷叶

栗了慕斯

栗子球

果酱

松酥饼底

清蛋糕

拿破仑
Napolean

人气港式糕饼

材料

酥皮片

水皮：低筋面粉350克，高筋面粉150克，
盐1/2茶匙，牛油70克，冰水200克。
油皮：牛油250克，低筋面粉80克。

吉士奶油

即溶吉士粉10克，牛奶40克，淡奶油40
克（打发），香草油1/2茶匙。

饰面

风登糖适量，黑朱古力适量（溶液），椰丝适
量（烤香）。

制作

1. **酥皮片** | ①**水皮**：将低筋面粉、高筋面粉、盐、牛油混合在一起，加入冰水打成面团，放入冰箱冷藏半小时。②**油皮**：牛油与面粉拌匀，放在牛油纸上压平，置冰箱中冷藏半小时。取出水皮擀成四方形，中心放上油皮，包起，再擀成长方形折成4褶，再擀成长方形，又折成3褶，又擀成长方形，折成3褶，即折4×3×3次。取200克折好的粉皮擀成正方形，放入烤炉以180℃烤20分钟，成为酥皮片。重复上述步骤烤好所有酥皮片。

2. **吉士奶油** | 牛奶与即溶吉士粉混合搅滑，放入已打发的甜奶油和香草油拌匀。

3. **组合** | 每片酥皮片涂上吉士奶油，叠成蛋糕状。风登糖用少许水煮溶淋在饼面上，挤上朱古力熔液，再用牙签在朱古力圈上画成蜘蛛网状，饼边涂上吉士奶油，黏上椰丝。

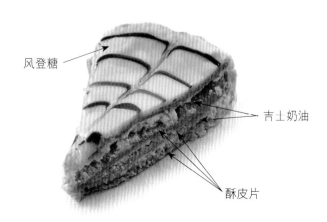

风登糖

吉士奶油

酥皮片

菠萝椰子慕斯蛋糕
Pineapple & Coconut Mousse Cake

人气港式糕饼

材料

清蛋糕

鸡蛋4只，细砂糖60克，低筋面粉70克，粟粉10克，发粉1/2茶匙，草莓酱适量。

椰子慕斯馅

蛋黄2只，细砂糖10克，椰奶100克，淡奶油300克（打发），菠萝粒150克。

鱼胶粉水

鱼胶粉10克，清水50克，朗姆酒适量。

装饰

朱古力，鲜果。

制作

1. **清蛋糕**｜把鸡蛋与糖打至浓稠，加入已筛过的面粉、粟粉和发粉，拌匀。加入菜油拌匀。面粉糊倒在已垫牛油纸的长烤盘上，用180℃烤20~25分钟。A~C

2. **鱼胶粉水**｜把鱼胶粉与清水混合，坐热水搅至完全溶解，加入朗姆酒。

3. **椰子慕斯馅**｜蛋黄与糖打至浓稠；椰奶煮热后与蛋黄混合物拌匀，加入鱼胶粉水搅匀，徐徐卷入淡奶油。D~F

4. **组合**｜在蛋糕模底层垫上一片薄蛋糕，加入菠萝粒，将清蛋糕切片，涂上草莓果酱，作围边；再淋上椰子慕斯馅，放入冰箱冷藏至凝固，取出放上装饰。G~I

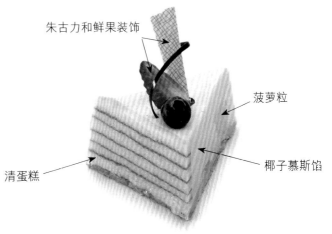

朱古力和鲜果装饰

菠萝粒

椰子慕斯馅

清蛋糕

特浓朱古力慕斯蛋糕
Double Chocolate Mousse Cake

★★★★★ 味道 Taste
★★★★★ 卖相 Appearance
★★★★★ 制作难度 Difficulty
★★★☆☆ 受欢迎程度 Popularity
★★★☆☆ 健康指数 Healthiness

人气港式糕饼

材料

朱古力蛋糕2片（请参照112页）。

朱古力慕斯馅

黑朱古力170克（坐熔），淡奶油400克（打发），牛奶110克，细砂糖30克，可可粉10克，蛋黄2只，朗姆酒少许。

鱼胶粉水

鱼胶粉5克，清水30克。

装饰

可可粉，银珠，朱古力片。

制作

1. **鱼胶粉水** | 把鱼胶粉与清水混合，坐热水搅至完全溶解。

2. **朱古力慕斯馅** | 把牛奶、可可粉和糖煮溶，加入蛋黄中拌匀，过筛，再拌入已坐熔的朱古力搅匀，拌入鱼胶水和朗姆酒，卷入淡奶油。**A~F**

3. **组合** | 朱古力蛋糕垫底，倒入朱古力慕斯馅，加上另一片蛋糕，再倒入朱古力慕斯馅，放入冰箱中冷藏至凝固，退模，撒上可可粉，放上装饰，再以朱古力片围边。**G~L**

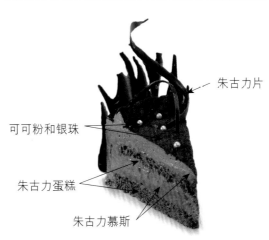

朱古力片

可可粉和银珠

朱古力蛋糕

朱古力慕斯

蓝莓草莓卷
Blueberry Strawberry Roll

★★★★★ 味道 Taste
★★★★ 卖相 Appearance
★★★★ 制作难度 Difficulty
★★★★ 受欢迎程度 Popularity
★★ 健康指数 Healthiness

人气港式糕饼

材料

薄蛋糕料

蛋黄4只，烘焙蜜糖25克，菜油25克，蛋白4只，细砂糖60克，低筋面粉70克，粟粉10克，发粉1/2茶匙。

馅料

蓝莓100克，草莓（切片）4粒，甜奶油（打发）80克。

饰面

糖霜，草莓，蓝莓。

制作

1. **薄蛋糕**｜把蛋黄、烘焙蜜糖和菜油混合均匀，加入低筋面粉轻轻搅匀；将蛋白打发，慢慢加入细砂糖打至干性发泡，倒入蛋黄混合物，拌匀，倒在铺有牛油纸的烤盘上，放入烤炉以200℃烤7分钟。A ~ E

2. **组合**｜取出薄蛋糕，弃掉牛油纸，涂上甜奶油，铺上蓝莓和草莓片，卷成蛋卷状，上面撒上糖霜，加草莓片和蓝莓作装饰。F ~ I

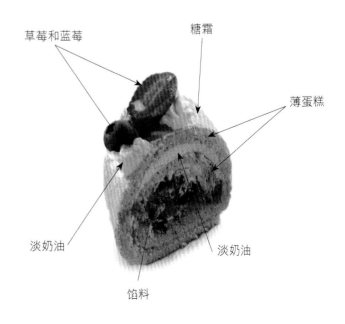

草莓和蓝莓

糖霜

薄蛋糕

淡奶油

淡奶油

馅料

128

材料介绍

不同品种的朱古力

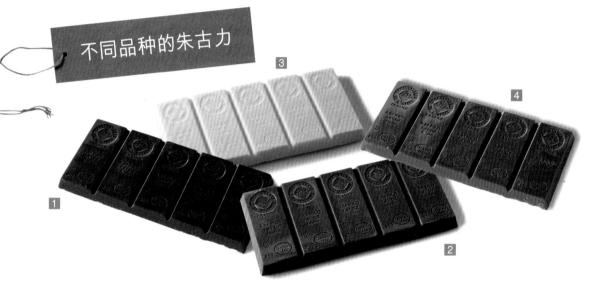

1 法国【Opera】Carupano 黑朱古力块70% |
选用委内瑞拉的 Criollo 级可可豆，拥有
亮丽光泽、清爽甘脆、柔滑如丝的特质，
味道原始，富个性，能塑造出独一无二、
天然纯净的朱古力新体验，适用于手工朱
古力和极品甜点。

2 法国【Opera】Samana 黑朱古力块70% |
味道纯正，选用多米尼加的 Trinitario 级
可可豆，含天然的可可香味和光泽，适
用于许多优质朱古力制品。

3 法国【Opera】Divo 牛奶朱古力块40% | 选

用科特迪瓦共和国的 Forastero 级的可可
豆，糅合了家族四代对极品朱古力的认知
与丰厚经验制作而成。它含花香、果味、
蜂蜜等天然味道，层次鲜明，配合变化，
可为各式甜点提供更大的创作空间。

4 法国【Opera】Concerto 白朱古力块31.5% |
质感幼滑如丝，可做甜点装饰之用。

1　意大利【Modecor】食用色素（红、绿、黄）| 色泽鲜艳，适用于蛋糕的调色和甜点装饰。

2　英国【Simply】真空冷冻脱水草莓 | 适用于馅料、松饼、甜点、特色饮料或糕饼装饰。

3　英国【Simply】真空冷冻脱水蓝莓干 | 适用于馅料、松饼、甜点、特色饮料或糕饼装饰。

4　英国【Simply】真空冷冻脱水覆盆子干 | 适用于馅料、松饼、甜点、特色饮料或糕饼装饰。

5　英国【Simply】棉花糖 | 质感细致、体形娇小，适用于小吃、糕饼馅料、甜点装饰或特式饮料。

6　伊朗去皮开心果 | 浅绿色带油润光泽，含浓郁果仁味，弄碎后可与其他材料搭配，如制作曲奇、慕斯或蛋糕装饰。

7　法国【Opera】可可豆脆壳 | 味道天然，弄碎后可搭配其他材料使用，如曲奇、甜点、雪糕或蛋糕装饰。

8　法国【Opera】可可粉22%~24% | 具有浓烈的可可香气，色泽鲜明，适用于手工朱古力、雪糕、甜点或其他朱古力食品。

1 德国【Oldenburger】纸包淡奶油35.1% | 纯天然奶油，传统欧洲风味，香味浓郁，口感丰富，质地细滑，特别适合糕点、甜品、西式烹调及各式特饮。

2 德国【Oldenburger】全脂纸包保鲜牛奶3.5% | 百分百新鲜牛奶制造，味道纯厚，新鲜又健康。

3 新加坡【Vivo】甜奶油 | 味道香浓，打发量高，适用于制作甜点馅料或蛋糕装饰。

4 澳洲【Devondale】咸牛油 | 味道浓烈，质感细致，风味极优，适用于各式烹调或烘焙制品。

5 法国【Flechard】淡牛油 | 风味独特，富层次感，适用于包、饼制作及各式烹调。

6 澳洲【MG】奶油芝士 | 天然风味，味道丰厚，质感细腻柔滑，特别适用于糕饼或面包制作。

7 意大利【Fallini】芝士粉 | 香味浓郁，能增加食物的进食层次，诱发出食材的独特风味。

8 新加坡【Food Tech】4mm 高熔点辣椒芝士粒 | 含辛辣味道，具浓烈芝士香气兼有嚼头，不易熔化，特别适用于包、饼或糕点馅料。

9 新加坡【Food Tech】8mm 高熔点芝士粒 | 具嚼头，含清香芝士味道，适用于包、饼制作。

1　意大利【Fattorie Umbre】番茄干 | 味道天然纯正，香味浓郁，色泽嫣红艳丽，适用于制作 Pizza、面包及意粉烹调，能带出意式风情的滋味。

2　意大利【Pedone】三文尼拿粉 | 粉质纯正，风味独特，适用于制作 Pizza，能令饼底更酥脆；亦可用于制作布丁或其他甜点。

3　荷兰【Fruit Life】草莓果蓉 / 荷兰【Fruit Life】野生蓝莓果蓉 | 百分百新鲜优质水果制造，它的含量不少于90%，没有人造色素及防腐剂，适用于蛋糕、甜点、果酱、雪糕及各种特色饮料。

香港西式糕饼的岁月

20世纪以前的蛋糕

蛋糕是西方的经典美食之一，早在一百多年前已存在于香港，随着洋人移入，洋人饮食习惯随之而入，诸如英国人的high tea（下午茶聚）流行于上流社会，当时的经典糕饼如擂油蛋糕、清蛋糕、曲奇和奶油蛋糕等便是主要伴茶小点。

西点由外国传入，历史悠久，主要来自法国、德国、意大利、英国、美国和苏联（现称为俄罗斯）。当时的蛋糕以法、德、意、英、美等做饼风格接近，故统称为"欧美式糕点"；苏联式糕饼自成一家，称为"俄式糕饼"。前者的造型美观，色泽鲜明，饰花以细花为主，花纹精巧，图案结构紧密，花卉鸟类式样较多，形象逼真，口感油腻。后者的风格色泽雅淡素净，饰花饱满，图案线条较粗，显得大方，雄健有力，立体感强，奶油制作别有风格，口感润滑。

20世纪早期

烘焙业兴起

20世纪前半叶，第一次世界大战（1914~1918年）和第二次世界大战（1939~1945年）令人们生活困苦，经济萎缩，交通不便，制造糕饼的材料有限，所以糕饼款式变化有限，没有显著地标明品种，加上没有太多文字记录，难于考究。不过当时的烘焙业亦有"四大天王"饼师，分别是

133

叶天龙（出身于酒店饼房，属酒店式华人饼师，精于做鲜忌廉蛋糕和拉糖）、黄林（擅长于挤玫瑰花，这亦是当时饼面设计的重要装饰）、朱树根（善于做辫包和法式糕饼，有上海派的糕饼风格）和郑君贤（是金马餐厅的饼师，亦是精于挤玫瑰花装饰的高手）。当时亦有所谓的四大名酒店——半岛酒店、香港酒店、浅水湾酒店和山顶酒店，由于出入酒店的人物多是非富则贵的富豪商家和洋人，所以酒店会聘请国外（如德国、瑞士和瑞典等）饼师主理饼房运作，所以烘焙业倒也热闹。

抗战后的香港，社会境况一片荒凉，百业待兴，大多数饼业工人面临生活困境，于是团结一致成立了"面包西饼协进总工会"。在1945年，烘焙从业人员组织了"港九糖果饼业工会"，方便他们有一个交流和休憩的聚脚地方。

当时的小型面包饼店并不流行，各烘焙行业的同行在当时主要的几间大型或中型饼店工作，所以容易团结起来。早期著名饼店有马玉山、马宝山、安乐园、利记、安华和泰山等；后来则有振兴糖果饼干面包有限公司、嘉顿面包有限公司、红棉和金门等。

20世纪60年代

三派鼎立，连锁饼店兴起

20世纪60年代，香港的生活虽然不见得富裕，倒也安稳，加上有一批从上海迁移到香港的烘焙业工作者带来资金及技术，并在香港大展拳脚，开拓市场，给沉静的市场带来新冲击。随着本地糕饼从业人员人数不断增加，以及原有的饼业工作者因受到欧美烘焙技术影响而创立起一种新风格的糕饼，当时的烘焙业因而呈现小阳春局面。当时的蛋糕主要派别为：广派/港派（广东）、海派（上海/法国）和酒店派（欧陆），经典蛋糕总离不开椰挞、杯子蛋糕（Cup Cake）、搪油蛋糕、莲沙挞、奶油蛋糕和结婚蛋糕。著名的饼店有告罗士打、雄鸡饼店、车厘哥夫饼店、老大昌饼店、ABC饼店、皇后饼店、连卡佛饼店、红宝石饼店、美兰饼店、金狮饼店、Delight饼店和金门饼店等。当时烘焙界亦有四大（著名）酒店善于甜品制作——半岛酒店、文华酒店、希尔顿酒店和香港酒店。此外，香港蛋糕女皇李曾超群博士于1966年创立第一间超群面包西饼店（此西饼店更在20世纪七八十年代为香港糕饼界历史写上光辉的一页）。而美心西饼店亦于此时创立西饼及快餐连锁店。

20世纪70年代

推陈出新，百花齐放开创新局面

　　20世纪70年代，蛋糕款式仍然由传统款式作主导，缺乏变化，奶油蛋糕、生日蛋糕、切件花饼、蛋卷仍是饼店的主要糕饼。随着经济环境改善，股市上涨，人民生活渐趋富裕，冰室、茶餐厅和包饼店纷纷成立，吸引资深饼师自立门户或跳槽（如红棉包饼店和金门包饼店）。酒店业渐趋蓬勃而西洋风大盛，各大酒店纷纷招聘来自德国、瑞典、维也纳、瑞士等地饼师加盟处理酒店饼房，令到糕饼业发展迅速。当时著名西饼店有振兴糖果饼干店，自置过万呎厂房、香港十大名牌之一的嘉顿有限公司，李曾超群开设的超群面包西饼店，香港十大名牌饮食集团的美心西饼店，此时的糕饼种类开始变得多样化。到了20世纪70年代中期，选用鲜奶油作饼面装饰材料很普遍，于是奶油蛋糕变成西饼店的主流。饼面装饰爱用红、绿樱桃蜜饯或小量朱古力点缀。蛋糕皇后李曾超群博士所经营的面包西饼店还推出半甜品、半蛋糕式的芒果蛋糕和味道出色的栗子蛋糕，风靡全城，令人回味无穷。当时圣安娜饼屋亦于1972年开业（它在20世纪90年代成为烘焙界举足轻重的新势力）。

大店崛起，水平飚升

　　香港自1973年大股灾后，休养生息，工商业再次蓬勃。20世纪80年代，超群面包西饼是当时西饼店的奇葩，这段时间亦是它的黄金时期。据李曾超群博士称，她的饼店于20世纪70年代末在台湾设分店，当地烘焙业很蓬勃，特别是流行派喜饼，为了应付大量订单，于是开发制饼机器投入生产，及后引进香港，并成为首间以机器制造曲奇的饼店。到了20世纪70年代中期，她因与教育专业人员协会的某高层会谈后便有发行饼卡的想法，于是以饼卡寄卖于该会的卖物部，首创凭饼卡取饼的制度。此外，超群面包西饼亦是第一间开设于百佳超级市场的本地饼店。缘起于一次偶然机会，当时她在缆车站上遇到两位洋人经营小杂货店，及后他们在跑马地山光道口开设第一间百佳店，因而结下彼此合作的关系，成就了超级市场附设饼店的先河。超群面包西饼亦是第一间采取半开放式让顾客们能看到糕饼制作情况和自助式用夹售包的饼店，这些均成为其招徕生意的卖点之一。

　　自香港地下铁路于1979年启动运作，美心西饼便沿各个车站开设迷你饼店，成为香港首间沿地铁站开铺的公司，方便客人凭饼卡取饼或上班时可购买包饼作便食。由于兑饼方便，成功抢占庞大饼卡市场，加上美心西饼拥有自己一系列相关企业，形成了与超群面包西饼分庭抗礼的局面。此外，还有大班西饼面包于1984年开业（它于1989年引进了冰皮月饼，盛行于香港），它亦是一个不容忽视的新势力。在20世纪80年代末期，圣安娜饼屋迅速崛起，出品以咸饼见称，特

别是酥皮椰挞、咖喱牛肉角和鸡派等，称霸一时，当时驻足于日资八佰伴百货店，锋芒直迫超群面包西饼和美心西饼。同期，还有龙岛食品公司主持人，他是半岛酒店的嫡系饼师，为理想而跳出来另起炉灶，声势凌厉。

随着港九糖果饼业工会的没落，新与旧糕饼师因在学识、视野、巧思和管理方法上的分歧，未能融合在一起。在1988年，一群资深高级饼师、洋人饼师、大企业的掌舵人、振兴糖果饼干西饼面包有限公司后人何景常和何肖琼(Miss Ho，现任香港烘焙专业协会会长)等人联合起来，组织了一个以华人为主而拥有海外联网的"香港烘焙专业协会"的非盈利团体，借由聚会来联系各大酒店、专上学院、高级饼店和烘焙生产商作烘焙技术交流为主。为了让同业得到最新业内情报、研发技术、烘焙材料、糕饼潮流，定期编辑出版双月刊作业内信息传递，造福烘焙业。Miss Ho在未退休前，已任职于专业教育学院黄克竞分校历时15年之久，期间除了制定日常烘焙教材，还安排学员参加HOFEX等烘焙比赛，部分学员更在比赛中取得殊荣。她为烘焙界培育了很多新的富朝气和创意的生力军，除了培育英才之外，还是酒店和高级饼店专业饼师的中介站呢！值得一提的是，Miss Ho深明教学相长之道，秉承读万卷书不如行万里路的理念，不但买书钻研造饼心得，还经常远渡重洋参观大小不同的糕饼展览和修读深造课程，闲时也会客串作糕饼比赛的评审，务求吸收不同烘焙技术，并以提携后辈为己任。由于她热衷于烘焙业和拥有广阔人际网络，令很多同行和后辈得到增长见识和学习深造的机会。

20世纪90年代

制品精致，竞争激烈

20世纪90年代，随着楼市和股市畅旺，移民国外的人纷纷回流，越洋负笈者穿梭往来不断，洋风甚盛，可说是烘焙业的黄金期。当时著名的饼店除了超群面包西饼、美心西饼、圣安娜饼屋三大饼店外，大班饼店亦因为从台湾引进了冰皮月饼，打破了传统月饼的销量纪录，创造出烘焙界的神话。新势力日资熊谷组东海堂面包店自1986年以"天皇级的蛋糕"为口号而杀入香港市场，赢得口碑，擅长于冻杂饼、造型蛋糕和卡通立体蛋糕等，令到大小饼店争相效法。伊藤家饼店崛起，以日

式芝士蛋糕而令声名大噪。丹尼面包亦是这一时期的著名包饼店，以欧陆糕饼面包为主，与嘉顿有限公司角力。踏入20世纪90年代后期，泡沫楼市爆破，股市大泻，经济萧条，丹尼面包倒闭；超群面包西饼亦因投资过急而导致周转不灵，于1998年也难逃清盘命运，更触发饼店挤提，及后由合兴集团收购继续营运，但是分店大量减少。烘焙业从此陷于困境，踏入辛苦岁月，唯最著名出品糕饼的四大酒店：半岛酒店、文华酒店、丽晶酒店和君悦酒店仍能立足，形成四强争霸的局面。

21世纪

烘焙升温，精品饼店雨后春笋

2003年香港发生"沙士疫症"（即非典型肺炎疫情），香港经济低迷至谷底，此时的饼店和酒店分别大裁员，收紧制作成本，人才凋零。糕饼师缺乏外出比赛的机会，阻碍了其拓宽视野。然而随着经济渐渐复苏，香港迪士尼乐园的开幕，新的高级酒店相继落成，对烘焙从业员和糕饼师需求大增，刺激烘焙业进入另一个高潮。此外，咖啡文化吹袭香港，出现了很多咖啡室。很多私人烹饪学校如雨后春笋，纷纷成立。游学于欧美的年轻饼师回到香港，建立了很多独立小饼店。

美心饼店近年为了提升品质，还不惜聘请外国饼师管理饼房。现在，香港糕饼界的四人酒店为半岛酒店、文华酒店、君悦酒店、万豪酒店。不过由于酒店在近年有不断拓展的趋势，新势力正在形成，如位于旺角区的朗豪坊、中环的四季酒店、东涌的香港迪士尼乐园区内酒店等也不容忽视。